IDEENBUCH ZUM SELBERMACHEN

Lampenschirme

IDEENBUCH ZUM SELBERMACHEN

Lampenschirme

Katrin Cargill

Fotos
James Merrell

BLV

Die Deutsche Bibliothek –
CIP-Einheitsaufnahme

Lampenschirme / Katrin Cargill.
Fotos James Merrell. (Übers. aus
dem Engl.: Suzanne Fischer). –
München ; Wien ; Zürich : BLV 1997
(Ideenbuch zum Selbermachen)
ISBN 3-405-15272-0

BLV Verlagsgesellschaft mbH
München Wien Zürich
80797 München

Titel der englischen Originalausgabe:
The Soft Furnishing Workbooks:
LAMPSHADES

Übersetzung aus dem Englischen:
Suzanne Fischer

Lektorat: Edith Ch. Kiel

Herstellung: Sylvia Hoffmann

Satz und DTP: Satz + Layout
Peter Fruth GmbH, München

Einbandgestaltung:
Sander & Krause, München

Printed in Hong Kong

ISBN 3-405-15272-0

In Erinnerung an meinen Vater
und Carolyn Brunton

Inhalt

Vorwort

Bei einem Blick auf die Lampen anderer Leute und speziell auf deren Verkleidung erkennt man leicht, daß der Lampenschirm in der Raumgestaltung an letzter Stelle steht. Man schmückt Wände, kauft Möbel, verschuldet sich für Vorhänge und ersteht vielleicht noch ein oder zwei gelungene Lampenständer, aber dann gehen den meisten Menschen die Ideen aus. Es ist also an der Zeit, dem vernachlässigten Lampenschirm etwas mehr Aufmerksamkeit zu schenken. In der Regel macht man einen Abstecher in ein Kaufhaus und wählt Pappschirme, deren Größen üblicherweise nicht zu den Lampen passen. Ich kann keinen Raum mehr betreten, ohne daß mein Blick sofort auf die Schirmbespannung fällt.
Zu Hause besitzen wir mittlerweile eine Reihe allzeit austauschbarer Prototypen aus den unterschiedlichsten Stoffen.
Die Atmosphäre eines Raumes kann durch den passenden Lampenschirm, die richtige Lichtquelle und -menge sofort verändert werden. Neue Beleuchtungstechniken hatten nicht nur die verbesserte Raumüberwachung zur Folge, sondern auch die Möglichkeit, durch bewußt gewählte Lampen und Schirme kleine Inseln der Behaglichkeit zu schaffen. Farbkombinationen lassen sich durch den entsprechenden Schirm untermalen; ein Schirm aus Taftseide zum Beispiel kann einen Hauch von echtem Luxus vermitteln. Beachtung verdienen auch die Formen – meist erhält man den gängigen Rundschirm oder einen Schirm im Empirestil, obwohl ein spitz zulaufender sich viel besser für den Sockel eignen würde. Das vorliegende Buch ist voller Inspirationen, was Form, Größe, Verzierung und Stoffe für einen häufig zu kurz behandelten Bereich der Inneneinrichtung betrifft, und enthält logische Schritt-für-Schritt-Anleitungen für die Gestaltung Ihrer individuellen Lampenschirme. Sie werden bald entdecken, daß es in Ihrer Umgebung geübte Lampenschirmhersteller gibt, die in der Lage sind, die hier vorgestellten Ideen in die Tat umzusetzen.

Katrin Cargill

Links: Eine dreidimensionale Rüsche aus Quetschfalten auf ausgeprägter Kante eines Ovalschirms (siehe volle Abbildung auf der gegenüberliegenden Seite), mit Betonung auf die außergewöhnliche Rundung.
Unten: Klassischer Rahmen mit gefältelter Seide.

Formen

Lampenschirme haben alle erdenklichen Formen, doch ihren eigentlichen Charakter erhalten sie durch die Rahmensilhouette. Zur Auswahl steht eine Vielfalt an Formen – darunter Trommeln, Zylinder, allerlei Kegel, ob weit geschnitten wie der Empire- und Rundschirm oder schmal und eng wie ein Rauchfang; breite Kurven oder solidere Formen mit strengen Linien, die hexagonal oder schachtelförmig als leicht angespitztes Quadrat oder Rechteck ausgebildet sind.

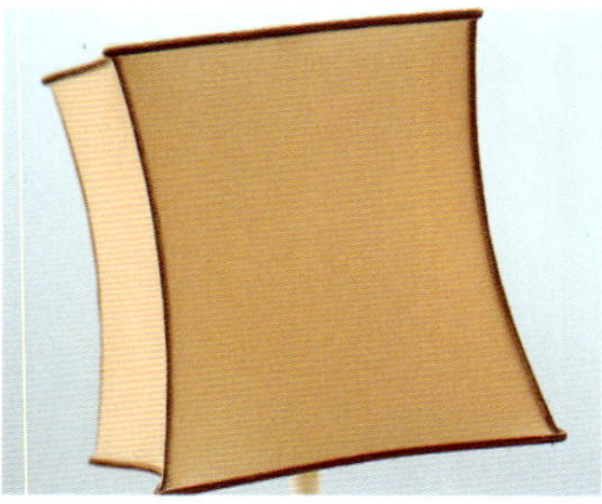

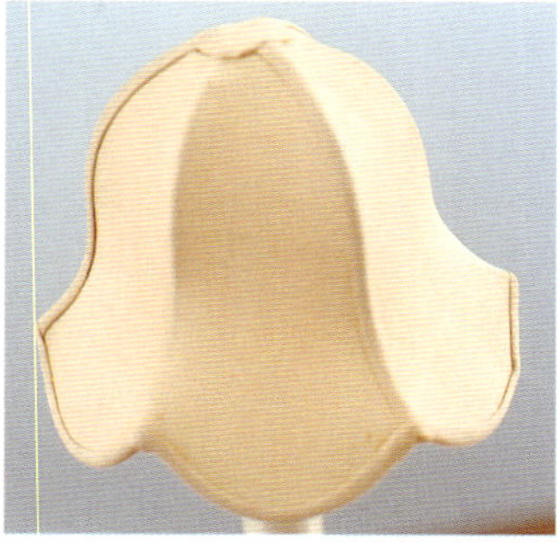

Von oben im Uhrzeigersinn: Reine Seide in neutralen Farben unterstreichen elegante Formen. Ein konkaves Quadrat, durch eine kontrastierende Bordüre gerahmt; ein sechszackiger Stern; spitz zulaufende Seiten und eine breite Unterkante erhöhen das Rahmenquadrat; flache Falten mit Kragen; eine ungewöhnliche Glockenform.

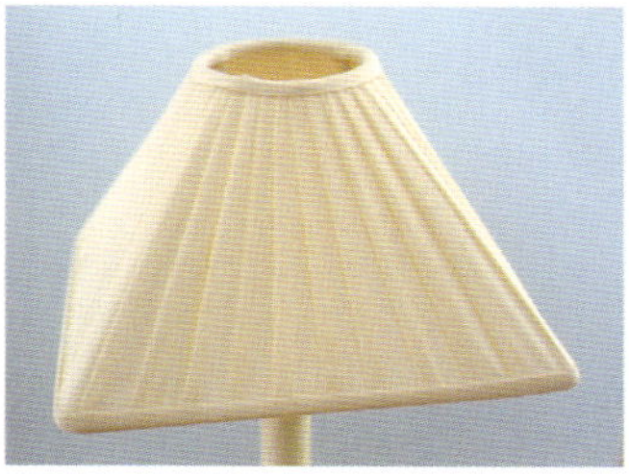

Von oben im Uhrzeigersinn: Ein eindrucksvoller Glockenschirm mit breiter Abschlußkante – ein stabiler Rahmen und eine äußerst hübsche Form für eine Stehlampe; der klassische Faltenschirm eignet sich in allen Größen als Steh- und Tischlampe; ein schwungvoller Pagodenschirm mit Rüschenborte (Detail gegenüber; Empireschirm mit Kragen und glattem oberen, mittleren und unteren Randabschluß; gefältelte Baumwolle breitet sich fächerförmig von der oberen Rundöffnung zum unteren Quadrat aus; ein klassischer, geradliniger Empireschirm mit üppigen Falten aus Seide.

Von oben im Uhrzeigersinn: Wellenförmiger Rahmen mit gefältelter Seide; ein achteckiger Rahmen mit einem Hauch von Regencystil; ein sechseckiger weit geschnittener Rahmen strahlt viel Licht ab; ein großer Rundschirm aus gekräuselter Seide; breite Kellerfalten erstrecken sich über einen länglich ovalen Schirm.

Karo-Quadrat mit Rückenstärkung

Fröhlich rot-weiß-kariertes Leinen wird für einen viereckigen Schirm mit steifer Folie beschichtet. Versuchen Sie bei großen Karos, das Muster an den Kanten mittig anzulegen, damit es symmetrisch wird; bei Karos im Gingham-Stil spielt das keine Rolle.

Material & Werkzeug

Metallquadrat mit 5 cm Seitenlänge

Metallquadrat mit Halterung, Seitenlänge 15 cm

50 cm Karo-Leinen, 115 cm breit

Papier für Schnittmuster

25 cm selbstklebende Folie, 115 cm breit

Stoffkleber

Metallineal

5 Den beschichteten Stoff mit der Rückseite auf eine flache Oberfläche legen. Fahren Sie mit der unteren Schneide einer Schere an der Kante eines Metallineals die Striche (aus Schritt 2) entlang; dadurch markieren Sie die vier Schirmseiten.

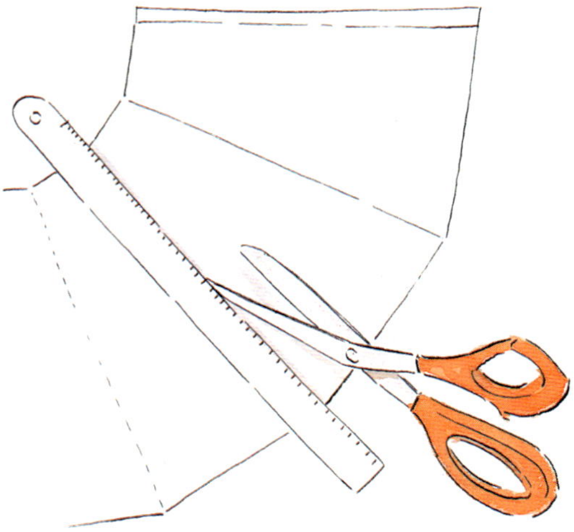

6 Die gestrichelten Linien zu scharfen Kanten falzen. Nahtzugabe in einem 90°-Winkel falten, etwas Stoffkleber auf das Leinen auftragen und an die gegenüberliegende Innenkante festdrücken.

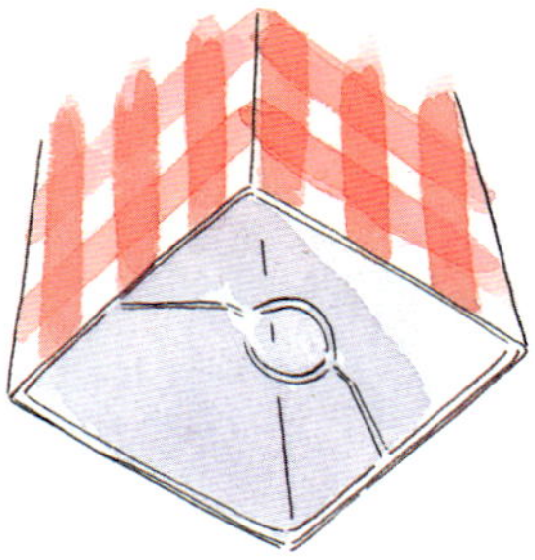

7 Für die Fertigstellung tragen Sie am unteren Schirminneren und am Außenrahmen der Halterung Klebstoff auf. Den Rahmen einsetzen und so lange drücken, bis alles fest verklebt ist. (Wäscheklammern können dabei behilflich sein.) Gleiche Vorgehensweise für den oberen Rahmen.

8 Für einen ansehnlichen Randbesatz und den Abschluß der Rohkanten schneiden Sie ein 85 cm langes und 1 cm breites Leinenschrägband zu. (siehe Techniken, S. 103). Band in zwei Streifen von 23 cm Länge für oben und 62 cm Länge für unten schneiden. An der Innenseite der Schrägbänder Klebstoff auftragen und am Bruch beginnend gleichmäßig an den Schirm drücken. Ein Ende über das andere stülpen und sauber verkleben. Den Schirm auf einen schmalen Sockel setzen und eine runde 40-Watt-Birne einsetzen.

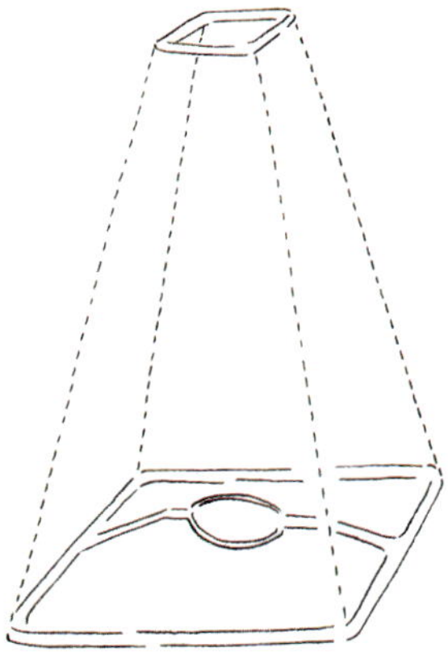

1 Beginnen Sie mit dem Schnittmuster für den Schirm. Zeichnen Sie eine Seite mit 25 cm Höhe, 15 cm untere und 5 cm obere Breite.

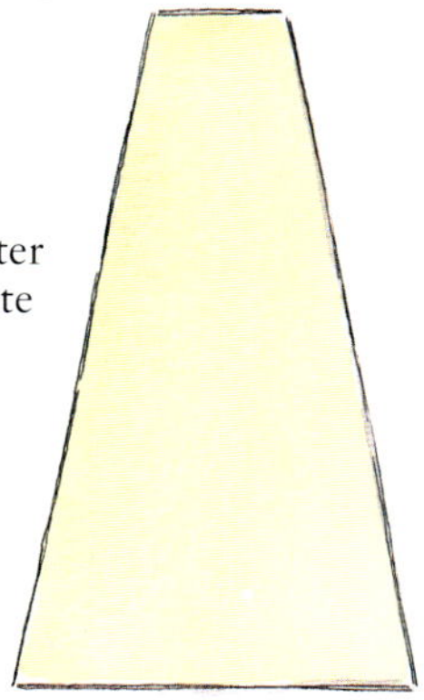

2 Nehmen Sie Papier und Stift und markieren Sie die Schirmform auf der selbstklebenden Folie. Zunächst eine Seite zeichnen, dann die anderen drei mittels Drehung des Musters direkt daran anschließen. In der Mitte einen Strich für den Falz ziehen. Berücksichtigen Sie auf einer Seite 1 cm Nahtzugabe und schneiden Sie alles in einem Stück aus.

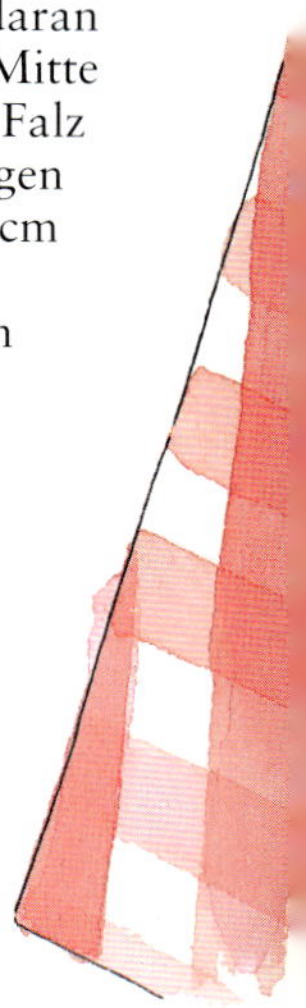

3 Nun die Rückenverstärkung auf die Stoffrückseite legen. Die Schutzfolie abziehen und die Folie auf dem Stoff glattstreichen.

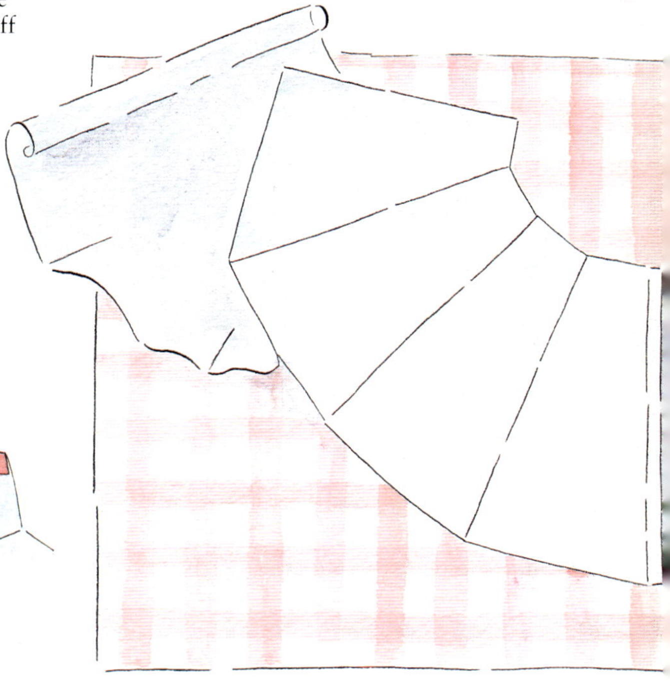

4 Den so beschichteten Stoff mit zusätzlichen $1/2$ cm auf der Seite ohne Nahtzugabe ausschneiden. Diesen Zusatz auf die Folie falten und verkleben.

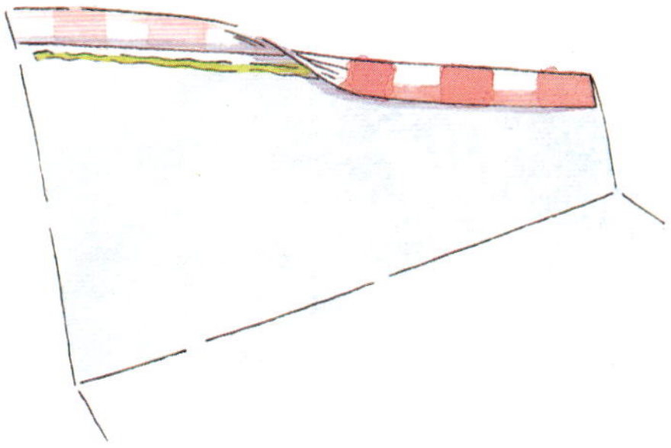

Rundschirm in Falten

Buttergelbe Taftseide in üppige Falten gelegt schmückt diesen kleinen Rundschirm, wobei sich die Falten gleichmäßig und flach über die leicht fächerförmigen Seiten ziehen. Die Lampe ist zudem mit einer auffälligen, knallroten Borte aus Taft als kontrastierender Besatz für Ober- und Unterkante ausgestattet. Die innere Seidenumfütterung schützt den äußeren Stoff und verleiht dem Ganzen einen äußerst professionellen Stil.

Material & Werkzeug

Rundrahmen mit sechs Längsverstrebungen und Sockelhalterung: oberer Durchmesser 10 cm, unterer Durchmesser 25 cm, Höhe 13 cm

50 cm Futterseide, 115 cm breit

25 cm buttergelbe Taftseide, 150 cm breit

92 × 8 cm rotes Taftband

Wickelband, 1 cm breit

Grundausstattung (siehe S. 98)

6 Falten an die obere Rahmenumwicklung mit flachem Saumstich annähen (siehe Techniken, S. 102). Verfahren Sie im unteren Bereich ebenso, indem Sie die Falten in die Länge und Breite ziehen. Abstecken und wie zuvor säumen.

7 Futterüberzug linksseitig und mit markiertem Saum an den Seitenverstrebungen anlegen. Machen Sie kleine Einschnitte für die Sockelstreben. Den Stoff oben und unten straff abstecken, so daß er gleichmäßig sitzt. Kante entsprechend säumen.

8 Um die Sockelstreben zu versäubern, drei 3 × 10 cm große Stücke Futterseide zuschneiden. Längskanten mittig zusammenlegen, anbügeln, unter der Verstrebung durchführen, abstecken und das Ganze per Hand vernähen. Überschüssigen Stoff abschneiden.

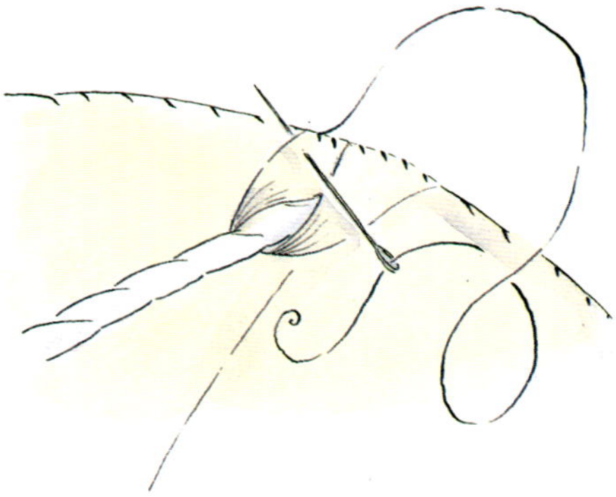

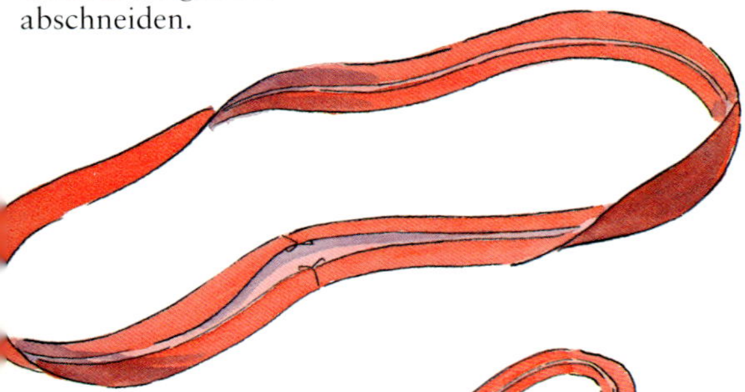

9 Zwei rote Taftbänder für den oberen (4 × 36 cm) und unteren (4 × 84 cm) Ring vorbereiten. Längskanten mittig falten und Querkanten mit der Maschine rechtsseitig unter 1 cm Nahtzugabe zusammennähen. Längsseitige Schnittkanten der Ringe linksseitig in der Mitte falten und umbügeln.

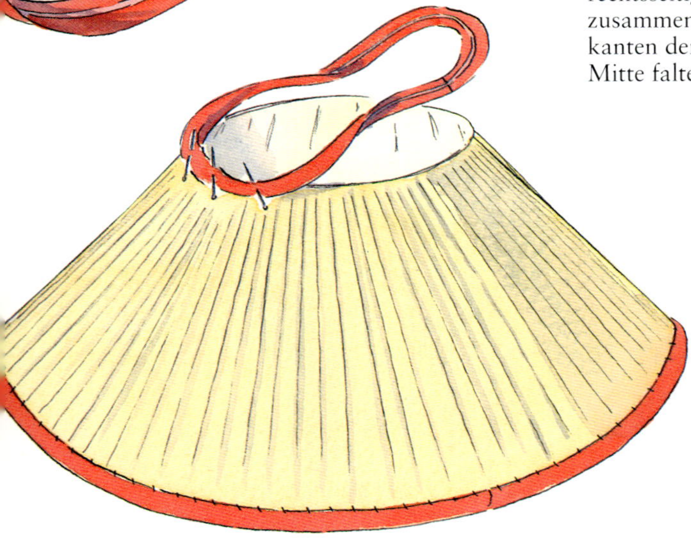

10 Den größeren Seidenring über die untere Schirmkante streichen; dort anstecken und mit Schlupfstich (siehe Techniken, S. 102) beidseitig an der Umwicklung annähen und Enden an einer Seitenstrebe vernähen. Den oberen Randbesatz ebenso fertigen.

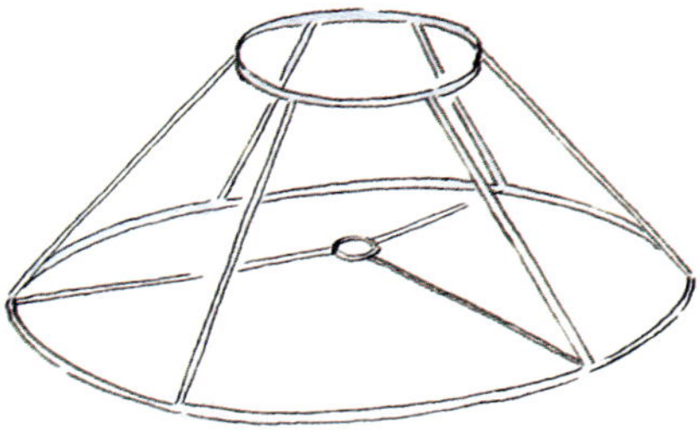

1 Oberen und unteren Ring sowie Sockel mit Wickelband einfassen (siehe Techniken, S. 101).

2 Zwei 18 × 46 cm große Teile schräg aus dem Futterstoff (siehe Techniken, S. 103) zuschneiden. Einen Teil bis zur Hälfte straff an den Rahmen anstecken; Stecknadeln dabei ggf. versetzen. Vor Abnahme des Stoffes mit einem Stift entlang der Nadeln den Umriß für die Saumnähte nachzeichnen.

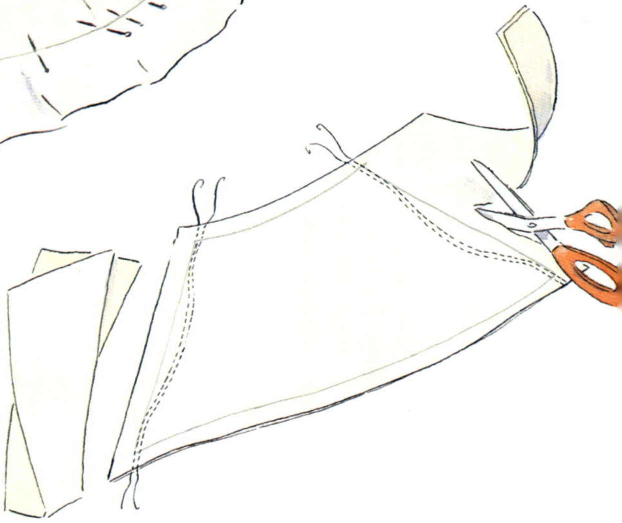

3 Zweites Futterteil rechtsseitig auf das bereits markierte Teil legen, anheften und für einen späteren einwandfreien Sitz 5 mm der »Taillenweite« mittig abnehmen. Mit der Maschine an den Heftnähten der Schrägkanten entlangsteppen und den überschüssigen Stoff abschneiden.

4 Für die Faltenfläche ein 18 × 150 cm großes Stück Taftseide zuschneiden. Mittels kleiner Einschnitte an Ober- und Unterkante in sechs gleich große Abschnitte unterteilen und an Querkanten je 1 cm Nahtzugabe lassen.

5 Jeden Einschnitt oben und unten an die Längsverstrebung anstecken; dann 1 cm des einen Endes umfalten und unter das andere legen. Abschnitt für Abschnitt oben flache Messerfalten abstecken, bis der Stoff rund um den Schirm flach anliegt.

Madras-Pagodenschirm

Die unregelmäßigen Karos einer Madras-Baumwolle in frischem Grün machen sich gut auf diesem elegant gerundeten Schirm. Die schmale »Taille« wird durch Schrägstreifen betont, die zudem die Unternähte verdecken. Umgehen Sie eventuelle Brandgefahr an den engen Schirmseiten, indem Sie eine kleine Birne von geringer Wattleistung benutzen.

Material & Werkzeug

Oval geformter Rahmen mit sechs Streben und vierarmiger Sockelfassung: unterer Durchmesser 35 × 21 cm, oberer Durchmesser 20 × 11 cm, Höhe 36 cm, »Taille« 15 cm

1 m hellgrüne Madras-Baumwolle, 115 cm breit

50 cm weiße Futterseide für Lampenschirme, 115 cm breit

1,75 m hellgrüne Bommelborte

1 cm breites Wickelband

Stift und Pauspapier

Stoffkleber

Grundausstattung (siehe S. 98)

5 Für die Versäuberung der Sockelstreben vier Rechtecke (5 × 2,5 cm) aus dem Futterstoff zuschneiden. Längsseiten der Streifen nach innen falten und umschlagen. Jeweils unter eine Strebe durchführen und um den äußeren Schirmrand ziehen, mit Hand an Umwicklung annähen und säubern.

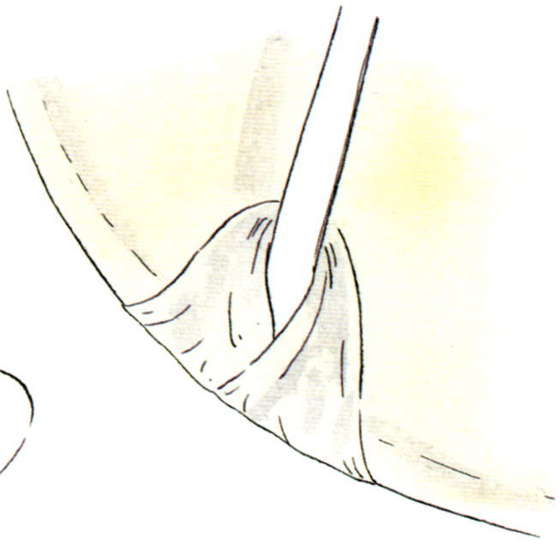

6 Anhand der in Schritt 3 erstellten Muster zwei Stücke des gemusterten Stoffs schräg zuschneiden (siehe Techniken, S. 103) und dabei den Stoffbedarf für die Schrägstreifen berücksichtigen. Wie für das Futter einen Teil rechtsseitig bis zur Hälfte an den Schirm stecken und beidseitig mit Vorstich an das Wickelband nähen. Den Stoff eng an den Nähten abtrennen. Wiederholen Sie diesen Schritt auch für die andere Schirmhälfte und stechen Sie dabei durch den bereits genähten Madras-Stoff.

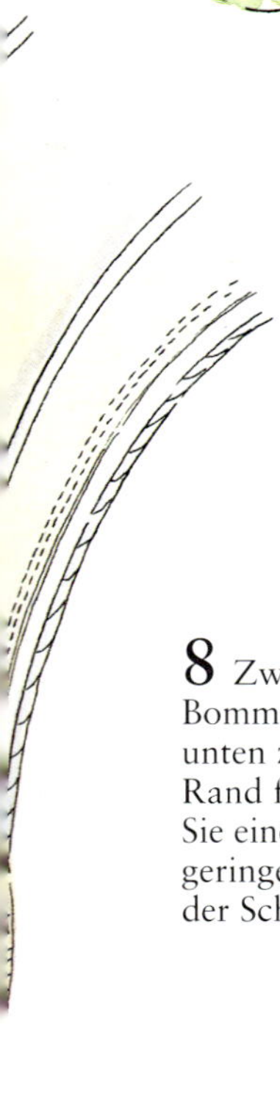

7 Einen 2,30 m langen und 3 cm breiten Schrägstreifen zuschneiden (siehe Techniken, S. 103). Längskanten 1/2 cm nach innen falten und umbügeln. Schrägstreifen oben und unten beidseitig entlang der Naht kleben und die Enden überlappen lassen.

8 Zwei entsprechend lange Bommelborten für oben und unten zuschneiden und am Rand festkleben. Verwenden Sie eine kleine Birne mit geringer Wattleistung, da der Schirm relativ eng ist.

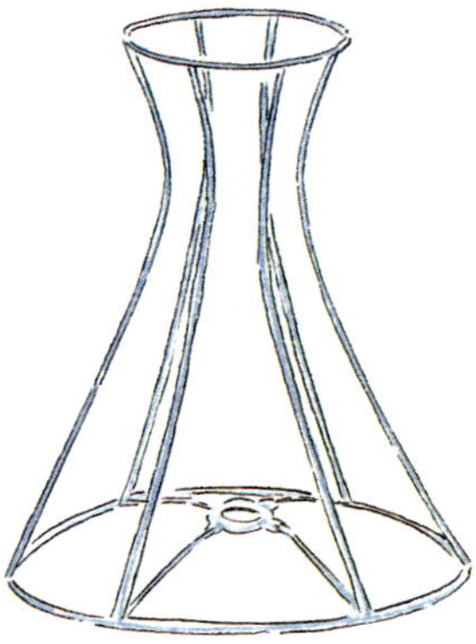

1 Das obere und untere Oval sowie die beiden Seitenstreben mit Wickelband umwickeln (siehe Techniken, S. 101).

2 Ein Stück Futterstoff zuschneiden, das größer als die Schirmhalbform ist. Zunächst linksseitig mittig ausgehend an allen vier Schirmseiten anstecken, dann über die Kanten und entgegengesetzten Seiten den Stoff straff am Schirmumriß befestigen. Vor Abnahme des Stoffes Umriß für die Nahtzugabe mit einem Stift markieren. Zeichnen Sie diesen Umriß zweimal auf Papier mit insgesamt 2 1/2 cm Nahtzugabe; dies sind Ihre späteren Schnittmuster.

3 Restfutter rechtsseitig an das vorgezeichnete Stück stecken; für eine bessere Paßform seitlich 1 cm der »Taille« abnehmen und anheften. Mit der Maschine entlang der beiden Heftnähte doppelt absteppen und Nahtzugabe versäubern.

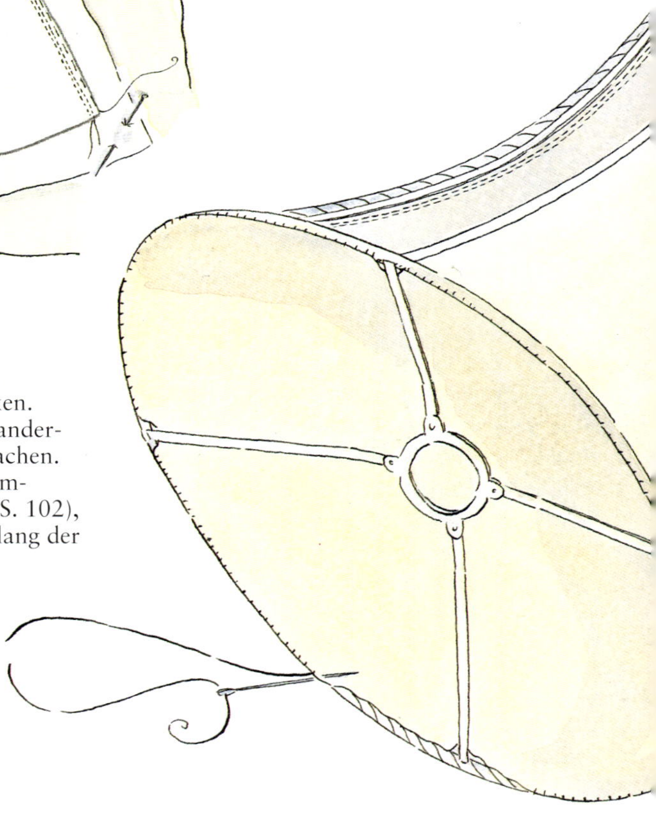

4 Futter linksseitig in den Rahmen einführen und an den Ecken anstecken. Wo Rund- und Seitenstreben aufeinandertreffen, kleine Stoffeinkerbungen machen. Futter oben und unten an Rahmenumwicklung säumen (siehe Techniken, S. 102), den Stoff dabei straffziehen und entlang der Nähte zurechtschneiden.

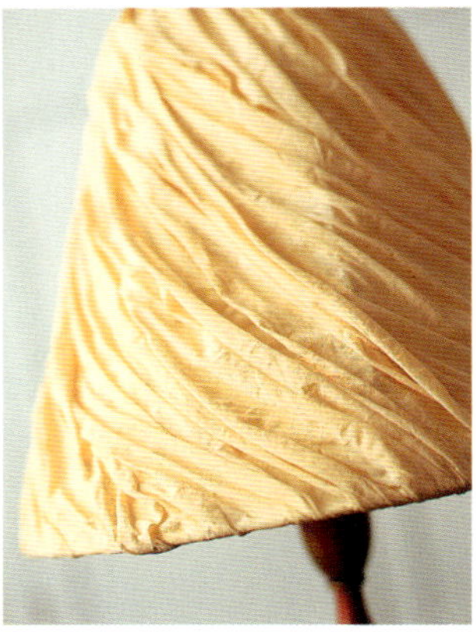

Oben: Flacher Rundschirm mit breitem Kantenabschluß aus cremefarbenen Messerfalten und seidener Fransenbordüre.
Rechts von oben nach unten: Pfeilförmige Inlett-Streifen aus Baumwolle bilden auf diesem Tafelschirm ein perfektes Chevronmuster; leichter Baumwollstoff versteift und diagonal über einen Empireschirm gerafft; folienbeschichteter Knittersamt in sattem Rot mit Lederbandverzierung; feinste Ecruseide um Rundschirm gefältelt und mit gezacktem Rock; verschiedenfarbige Moiré-Seide ist als Ergänzung für diesen eleganten Tafelschirm ideal.

Stoffe & Besätze

Neben der Schirmform ist die Wahl der Stoffe und Besätze der Rahmenverkleidung für den Gesamteindruck ausschlaggebend. Ein kegelförmiger Schirm wirkt je nachdem, ob in verstärktem Streifenstoff oder geblümt in loser Glockenform ausgeführt, ganz unterschiedlich. Für die Lampenschirmgestaltung können sowohl schwere als auch leichte Stoffe verwendet werden.

Links: Rotweiß karierter Baumwoll-Gingham kommt auf einem Empireschirm am besten zur Geltung. Die geometrischen Karos betonen die flachen Messerfalten, die mit einem Schrägband aus dem gleichen Stoff abgeschlossen werden.
Mitte von links nach rechts: In zweifacher Kräuselung und unterschiedlich gemustertem Stoff ziert dieser Besatz den gefältelten und bedruckten Baumwollschirm; zarte, cremefarbene Spitze lose gerafft über einen flachen, gleichfarbigen Schirm mit einem zur Schleife gebundenen Satinband; dieser hervorstechende Schirm besteht aus dünner, folienverstärkter Baumwolle mit Muster – Schrägbänder zieren die Ränder und ein Band rafft die obere Hälfte zu einer Blütenform zusammen.

Oben: Ein Rundschirm aus üppig gefaltetem und bedrucktem Baumwollstoff mit einer kontrastreichen langen Fransenbordüre als Abschluß.
Rechts: Feiner, karierter Voile fließt von einer gekräuselten Oberkante locker über einen Empireschirm mit Kragen. Ober- und Unterkante sind Ton in Ton mit schmalen Samtpaspeln besetzt.

Glockiger Toile de Jouy

Für lose Schirmverkleidungen eignen sich gemusterte Stoffe ebenso wie einfarbige. Hier ist ein rot-weißer Toile de Jouy zu einem glockigen Rock gefaltet und mit einer passenden, kräftigen Bordüre an der Unterkante versehen. Der Schirm erhält Fülle durch einen zusätzlichen Unterrock zwischen Deck- und Futterstoff.

Material & Werkzeug

Rahmen mit sechs Streben und gesenkter Halterung: oberer Durchmesser 17 cm, unterer Durchmesser 30 cm, Höhe 20 cm

1,25 m Futterstoff, 115 cm breit

1 m Toile de Jouy, 140 cm breit

1,40 m passende Bordüre, 3 cm breit

1 cm breites Wickelband

Grundausstattung (siehe S. 98)

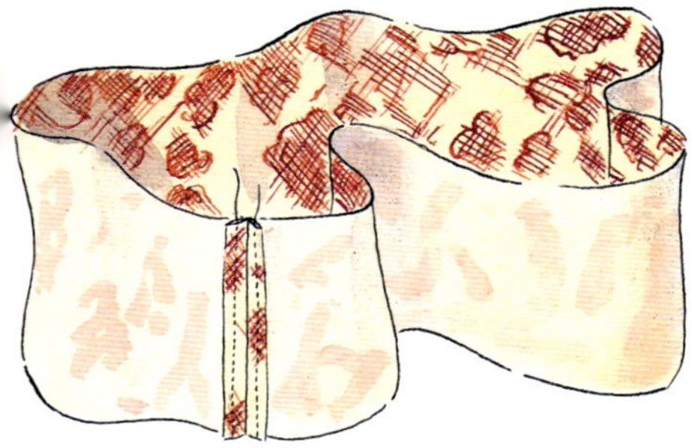

7 Ein 28 cm × 2 m großes Stück Toile de Jouy zuschneiden; Stoffbahnen und Kanten mit der Maschine zusammennähen und unbedingt 2,5 cm Nahtzugabe beachten. Schnittkanten 1/2 cm über die Nahtzugabe ziehen, umbügeln und nähen (*nicht* durch den Hauptstoff stechen).

8 Unterkante des Toile de Jouy 1/2 cm rechtsseitig falten und umbügeln. Die Bordüre rechtsseitig an die Unterkante stecken, heften und mit der Maschine nähen. Dabei Säume und Rohkanten abdecken und Kanten der Bordüre sauber abschließen.

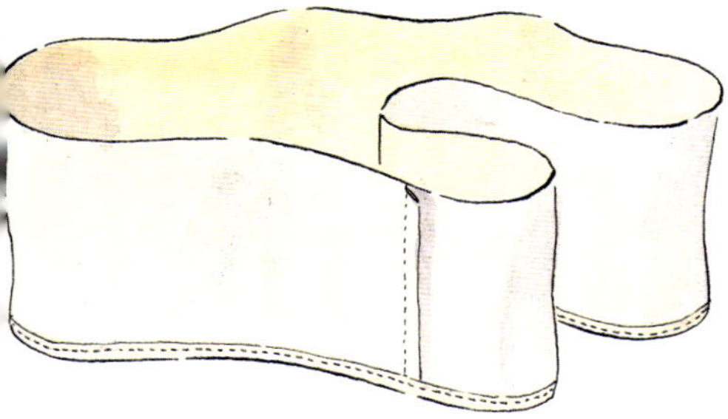

9 Für das Rockfutter 28 cm × 2 m Futterstoff vorbereiten. Wo nötig, Stoffeinsätze vornehmen und Querkanten mit französischer Naht (siehe Techniken, S. 103) und 2 1/2 cm Nahtzugabe zusammennähen und auf eine Seite umbügeln. An der Schlauchunterkante linksseitig 1/2 cm Doppelsaum abstecken und mit der Maschine nähen.

10 Futterseite rechtsseitg auf die Rückseite des Toile de Jouy legen, 1 cm oberhalb abstecken und anheften. Stecken Sie einige Falten von 2 1/2 cm Breite ab und heften Sie sie rund um den Schirm an. Nun den Rock über die gefütterte Schirmform ziehen und an die Oberkante stecken. Die Falten beliebig straffziehen. Mit Saumstich nähen und versäubern.

11 Ein Schrägband aus dem Toile de Jouy zuschneiden (60 × 4 cm) und Querkanten wie in Schritt 5 mit Maschine nähen. Eine Kante 1 cm umlegen und umbügeln. Die verbleibende Rohkante linksseitig und mit Schrägseite an die Rahmenumwicklung stecken und sofort mit Saumstich annähen. Kantenfalz nach außen ziehen und mit Schlupfstich rundum annähen (siehe Techniken, S. 102).

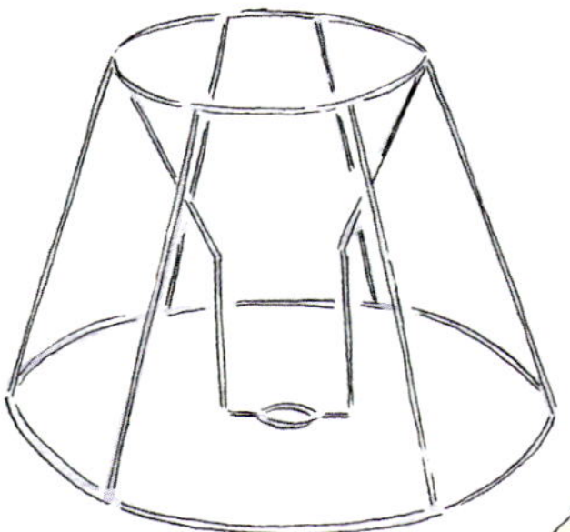

1 Beginnen Sie mit der Umwicklung der oberen, unteren und seitlichen Verstrebungen (siehe Techniken, S. 101).

2 Schneiden Sie ein Stück Futterstoff (23 × 98 cm) zu und markieren Sie mittels kleiner Kerben an der oberen und unteren Längskante sechs Abschnitte mit jeweils 1 cm Nahtzugabe an den Querkanten.

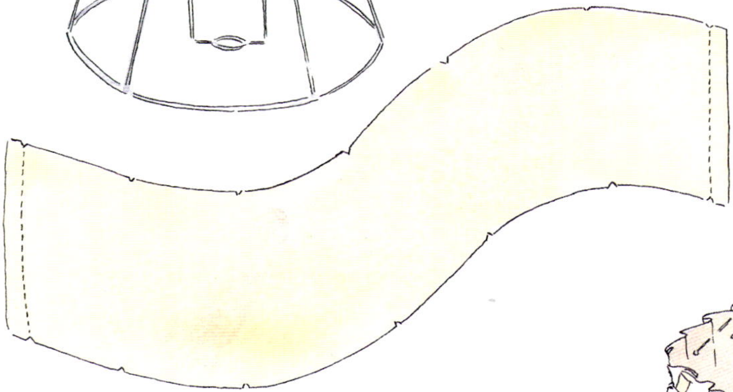

3 Einschnitte an die Streben legen und Stoff am unteren Rahmen anstecken. Den Stoff durch den Rahmen nach oben ziehen, wo Sie ihn an den sechs Streben befestigen. In den Stoff zwei kleine Einschnitte für die Sockelhalterung machen und zwischen den Streben flache Falten abstecken. An der Überlappung eine der beiden Querkanten 1 cm falten, dann 1 cm der gegenüberliegenden Kante darunterlegen.

4 Futter oben und unten mit flachem Saumstich befestigen (siehe Techniken, S. 102).

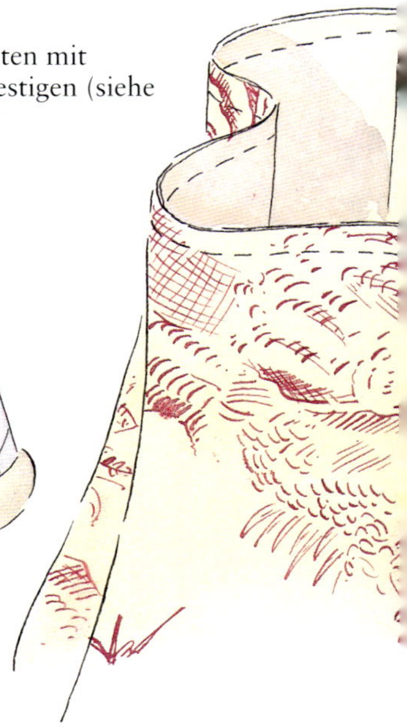

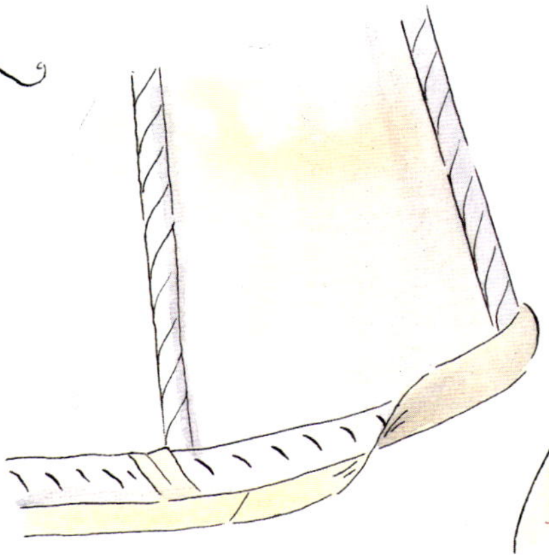

5 Einen 98 × 2,5 cm großen Schrägstreifen aus dem Futterstoff zuschneiden. Die Querkanten entlang der linearen Faserung mit der Maschine rechtsseitig und mit 1 cm Nahtzugabe zusammennähen. Ecken abschneiden. Eine Kante des Bandes 1/2 cm nach innen falten und umbügeln, die verbleibende Schnittkante an den Rahmen stecken und mit Saumstichen annähen. Gefaltete Kante nach oben ziehen und Naht abdecken.

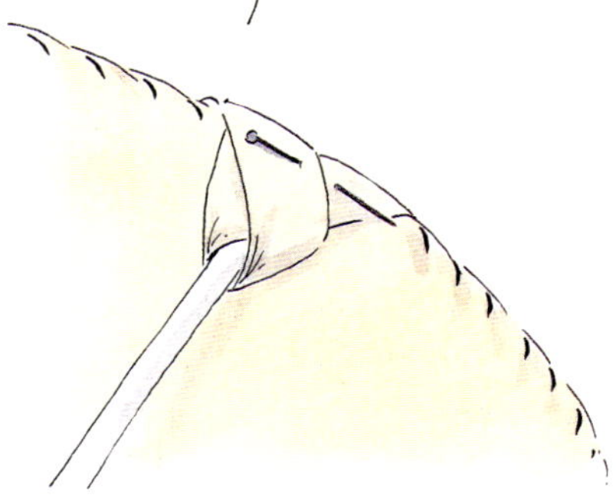

6 Zwei 8 × 4 cm große Futterstreifen zuschneiden. Längskanten in die Mitte klappen und um die Sockelstreben legen. Anstecken und mit Hand an die Rahmenkante nähen, überstehenden Stoff abschneiden.

Offene Blüte aus Sackleinen

Eine kurvenreiche Blütenkelchform wird hier mit grobem Sackleinen überzogen. Die Gimpe und Quastenkordel unterstreichen die Naturbelassenheit. Nehmen Sie für diese Lampe eine 25-Watt-Birne, da Rupfen sehr locker gewebt ist; bei der Verwendung einer stärkeren Birne empfiehlt sich ein Innenfutter.

Material & Werkzeug

Offene Kelchform mit fünf Streben und Sockelhalterung: Höhe 30 cm, Oberweite 29 cm, Unterweite 43 cm, Taille 18 cm

50 cm Kattun, 115 cm breit

50 cm Sackleinen, 115 cm breit

1,50 m Gimpe oder Rupfenborte

50 cm lange Quastenkordel

1 cm breites Wickelband

Stoffkleber

Grundausstattung (siehe S. 98)

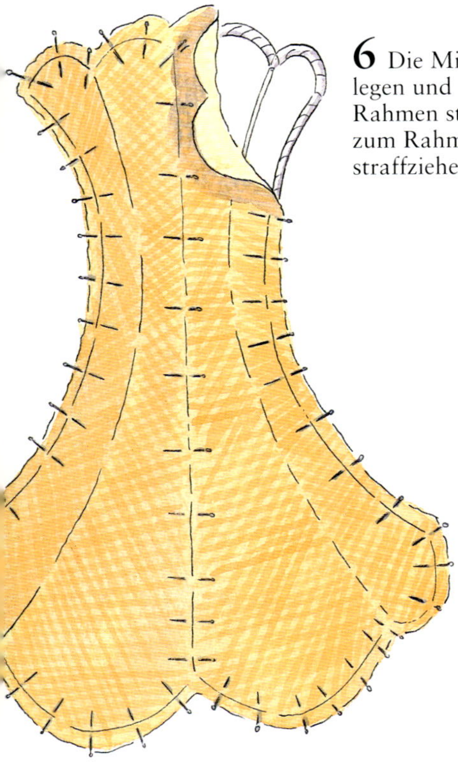

6 Die Mittelnaht sorgfältig auf die Mittelstrebe legen und den gesamten Schirmumfang an den Rahmen stecken. Nadeln dabei stets senkrecht zum Rahmen stecken und Rupfen Stück für Stück straffziehen.

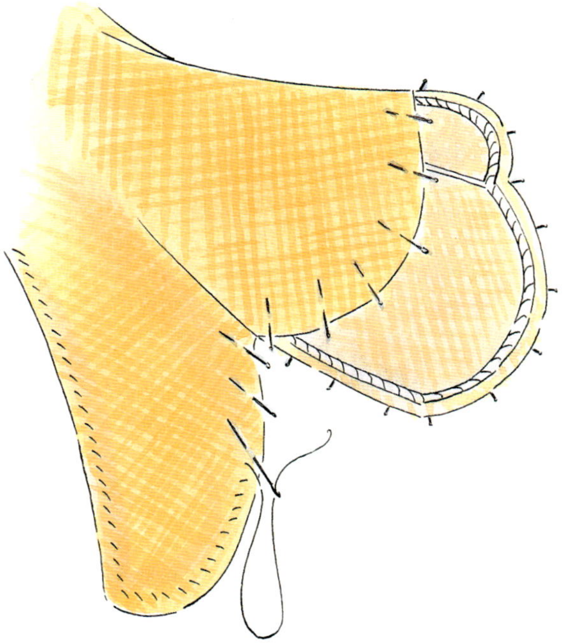

7 Wenn der Stoff vollkommen angesteckt ist, dann entlang dem Rahmenumriß mit flachem Saumstich annähen (siehe Techniken, S. 102). Überstehenden Stoff und Ausfransungen abschneiden.

8 Gimpe oder Rupfenborte als Randbesatz ankleben und Saumnähte überdecken. Bortenkante einmal umlegen und versäubern.

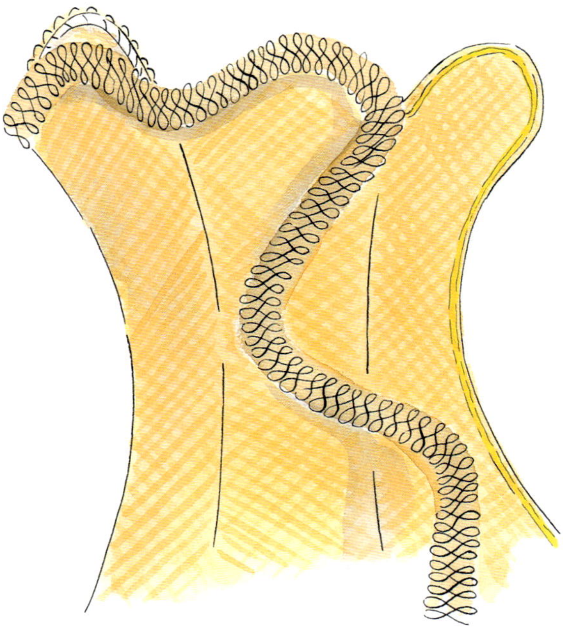

9 Kordel so wickeln, daß die Quasten gleichmäßig fallen und diese Wicklung mittig auf Taillenhöhe des Schirms ankleben. Bei Bedarf mit ein paar Stichen festnähen. Um von der Lichtquelle nicht geblendet zu werden, wählen Sie eine Birne mit geringer Wattleistung, oder Sie fügen ein Innenfutter hinzu.

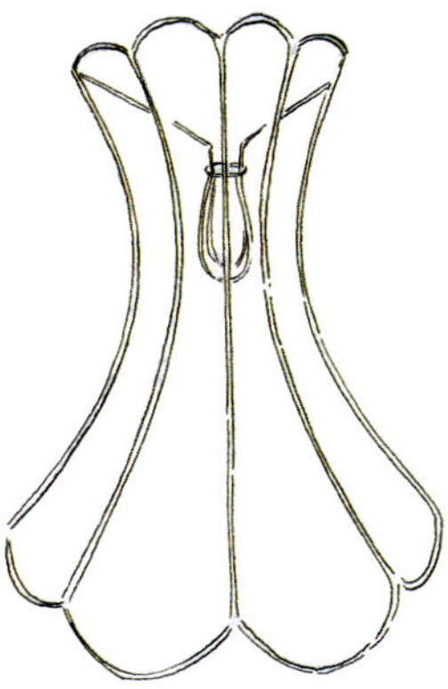

1 Umwickeln Sie zunächst Mittel- und beide Außenstreben sowie obere und untere Bogen (siehe Techniken, S. 101).

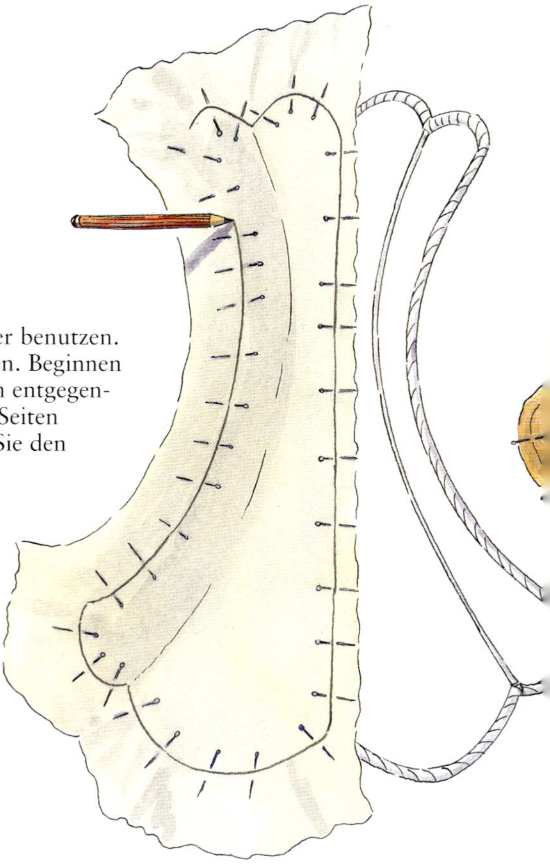

2 Kattun halbieren und eine Hälfte als Muster benutzen. An das Wickelband einer Rahmenhälfte stecken. Beginnen Sie damit jeweils oben und unten mittig an den entgegengesetzten Kanten und arbeiten Sie sich an den Seiten entlang. Nehmen Sie einen Stift und zeichnen Sie den Umriß anhand der Nadeln nach.

3 Nadeln und Kattun vom Rahmen abnehmen. Den Stoff insgesamt mit 1 cm Nahtzugabe als Muster für die zweite Kattunhälfte zuschneiden. Das zweite Muster sollte mit dem ersten identisch sein.

4 Beide Muster diagonal zur Faserung (garantiert später einen besseren Sitz) auf ein Rupfenviereck legen und anstecken. Zwei Rupfenstücke zuschneiden und Muster abnehmen.

5 Beide Rupfen mittig mit jeweils 1 cm Nahtzugabe zusammennähen. Machen Sie eine Doppelnaht (oder ketteln Sie den Rand ein), um das Ausfransen des Stoffes zu verhindern (siehe Techniken, S. 103).

Edle Rohseide mit Rüschen

Cremefarbene Rohseide ist vielleicht die üblichste und am weitesten verbreitete Lampenschirmbespannung. Ihr strenges Äußeres paßt zu direkter und zu indirekter Beleuchtung; gleichzeitig wird die Textur jeder anspruchsvollen Raumgestaltung gerecht. Dieses Beispiel zeigt einen dekorativen Kegelschirm aus folienbeschichteter Seide, dessen Ober- und Unterkante mit einer zweifachen Rüsche geschmückt sind.

Material & Werkzeug

Oberring mit versenkter Sockelhalterung, Durchmesser 10 cm
Unterring, Durchmesser 28 cm

1,50 m cremefarbene Rohseide, 115 cm breit

1 cm breites Wickelband

75 cm selbstklebende Lampenschirmfolie, 115 cm breit

Stoffkleber

Papier, Lineal, Stift und Maßband

Zickzackschere

Wäscheklammern

Grundausstattung (siehe S. 98)

6 Vor dem Verkleben der Seitensäume den Sitz um die Ringe prüfen und den Schirm festklammern. Schnittstelle exakt anzeichnen und Wäscheklammern abnehmen. Nun die Seidenüberlappung auf die gegenüberliegende Schirminnenseite an die Markierung kleben.

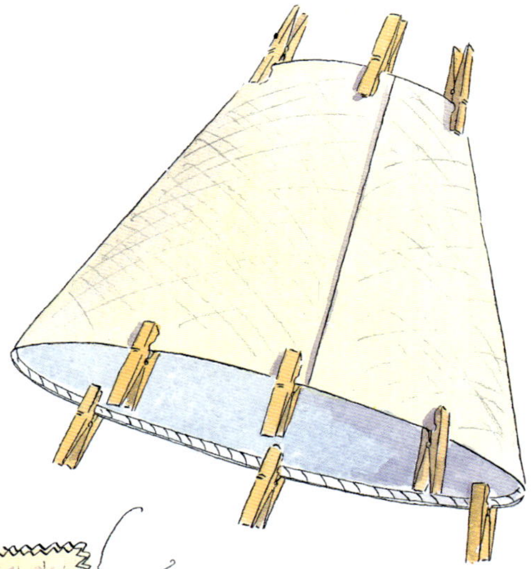

7 Zuletzt sowohl oben als auch unten etwas Klebstoff auf die Schirminnen- und Ringaußenflächen geben. Die Ringe in den Schirm einführen und diese an den Klebeflächen mit Wäscheklammern befestigen, bis der Klebstoff getrocknet ist.

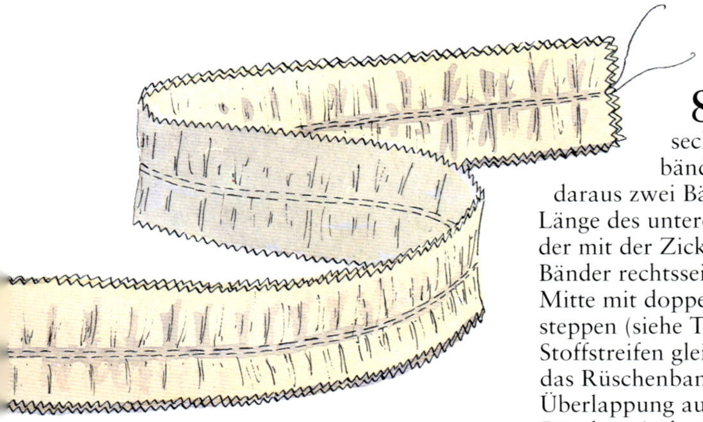

8 Für die untere Rüsche sechs 86 × 5 cm große Seidenbänder zuschneiden. Fertigen Sie daraus zwei Bänder, jedes in dreifacher Länge des unteren Schirmumfangs. Alle Ränder mit der Zickzackschere säubern und die Bänder rechtsseitig aufeinanderlegen. In der Mitte mit doppeltem Heft- bzw. Reihstich absteppen (siehe Techniken, S. 102) und den Stoffstreifen gleichmäßig in Falten ziehen, bis das Rüschenband mit einer geringfügigen Überlappung auf den unteren Ring paßt. Die Rüsche mit der Maschine entlang der Steppnähte annähen, so daß die Falten in Form bleiben. Für die obere Borte schneiden Sie sechs 30 × 4 cm lange Streifen zu und fertigen sie nach dem gleichen Muster.

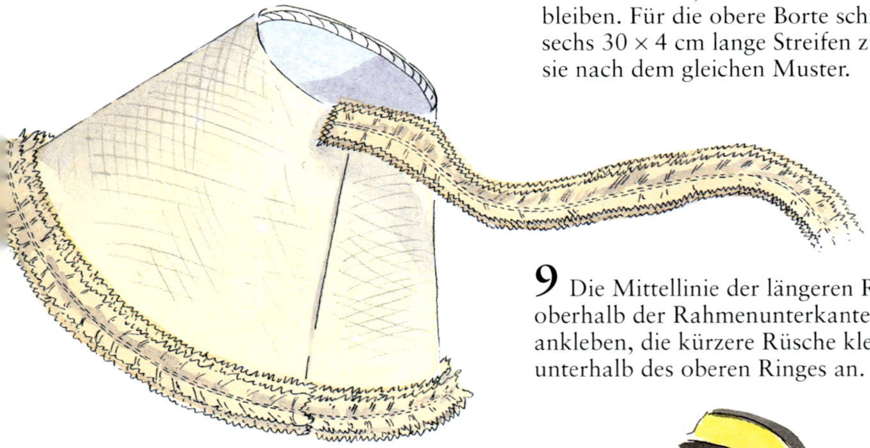

9 Die Mittellinie der längeren Rüsche 1 cm oberhalb der Rahmenunterkante überlappend ankleben, die kürzere Rüsche kleben Sie 1/2 cm unterhalb des oberen Ringes an.

10 Alle 2 cm die obere und untere Außenkante der Innenrüsche mit einem Tropfen Stoffkleber zusammenkleben.

1 Beginnen Sie mit der Umwicklung des Ober- und Unterringes (siehe Techniken, S. 101).

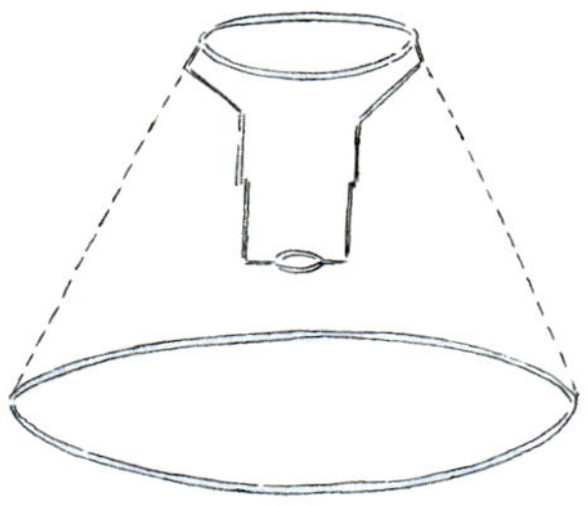

2 Für Kegelschirme muß ein Schnittmuster angefertigt werden. Nehmen Sie ein großes Stück Papier und ziehen Sie in der Ecke rechts unten eine waagrechte Linie A von 28 cm Länge entsprechend dem Durchmesser des unteren Ringes. Nun mittig von A eine senkrechte Linie B nach oben ziehen und bei 15 cm einen Punkt für die Höhe des Schirms einzeichnen.
Eine zweite waagrechte Linie C durch diesen Punkt für den Durchmesser des oberen Ringes ziehen, hier 10 cm. Zeichnen Sie die Schirmseiten, indem Sie beide Linien weiterführen, bis sie sich schneiden.
Für den Umriß des Musters ein Stück Band oder Schnur an den Schnittpunkt der drei Linien befestigen und mit einem daran befestigten Stift oben bzw. unten rechts beginnend zwei Halbkreise ziehen. Die oberen und unteren Bogen sollten dem oberen und unteren Schirmumfang entsprechen plus zusätzlich 1cm.

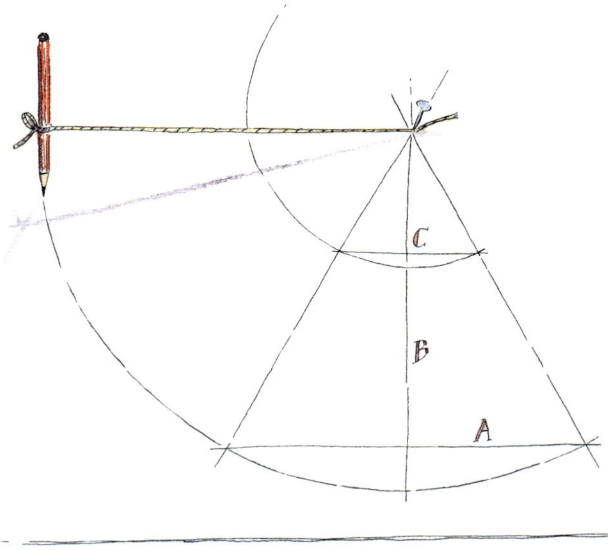

3 Das Schnittmuster ausschneiden, auf die Folie legen, den Umriß nachzeichnen und anhand dessen die Folie aus einem Stück schneiden.

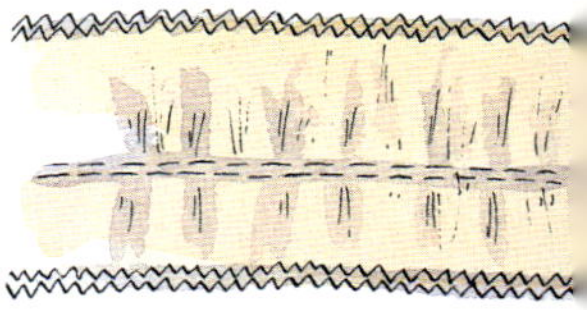

4 Folien schräg auf die Rückseite des Stoffes legen und beachten, daß 50 cm Stoff in Reserve bleiben. 2 1/2 cm der Schutzfolie langsam abziehen und Folie festdrücken. Fortfahren und darauf achten, daß die Folie auf dem Stoff haftet und sich keine Luftblasen bilden. Ggf. ist es einfacher, den Stoff vor Beginn anzustecken.

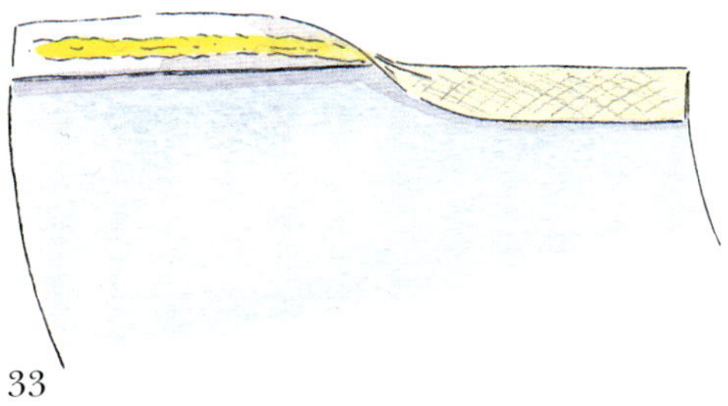

5 Seide an der Folie entlang mit 1 cm Nahtzugabe auf einer Seite ausschneiden. Diese Nahtzugabe linksseitig mit Stoffkleber auf die Folienrückseite kleben.

Geflochtene Bänder

Dieser ungewöhnliche Schirm ist nicht aus einem Stück Stoff gearbeitet, sondern mit Gingham-Bändern geflochten. Hier wird für die Bänder nur ein Muster benutzt, doch haben Sie bei Ihrer Farb- und Stoffauswahl freie Hand. Stimmen Sie Ihre Maße auf die Bandbreite und Rahmengröße ab und folgen Sie der einfachen Flechttechnik. Ober- und Unterkante werden leuchtend und kontrastreich abgeschlossen.

Material & Werkzeug

Rechteckiger Rahmen mit ausgestellten Längsseiten und versenkter Halterung: Unterseite 27 × 13 cm; Oberseite 16 × 8 cm; Längsseiten 25 cm; 10 cm quer zur Mitte, Ober- und Unterkante

13,5 m Gingham-Bänder, 2 1/2 cm breit

1,35 m farbiges Schrägband, 1 cm breit

1 cm breites Wickelband

Stoffkleber

Grundausstattung (siehe S. 98)

5 Von oben beginnend um den Rahmen die waagrechten Bänder abwechselnd über bzw. unter die senkrechten Bänder hindurchziehen. Enden an die Seitenstreben stecken und mit 1/2 cm Nahtzugabe nach hinten falten.

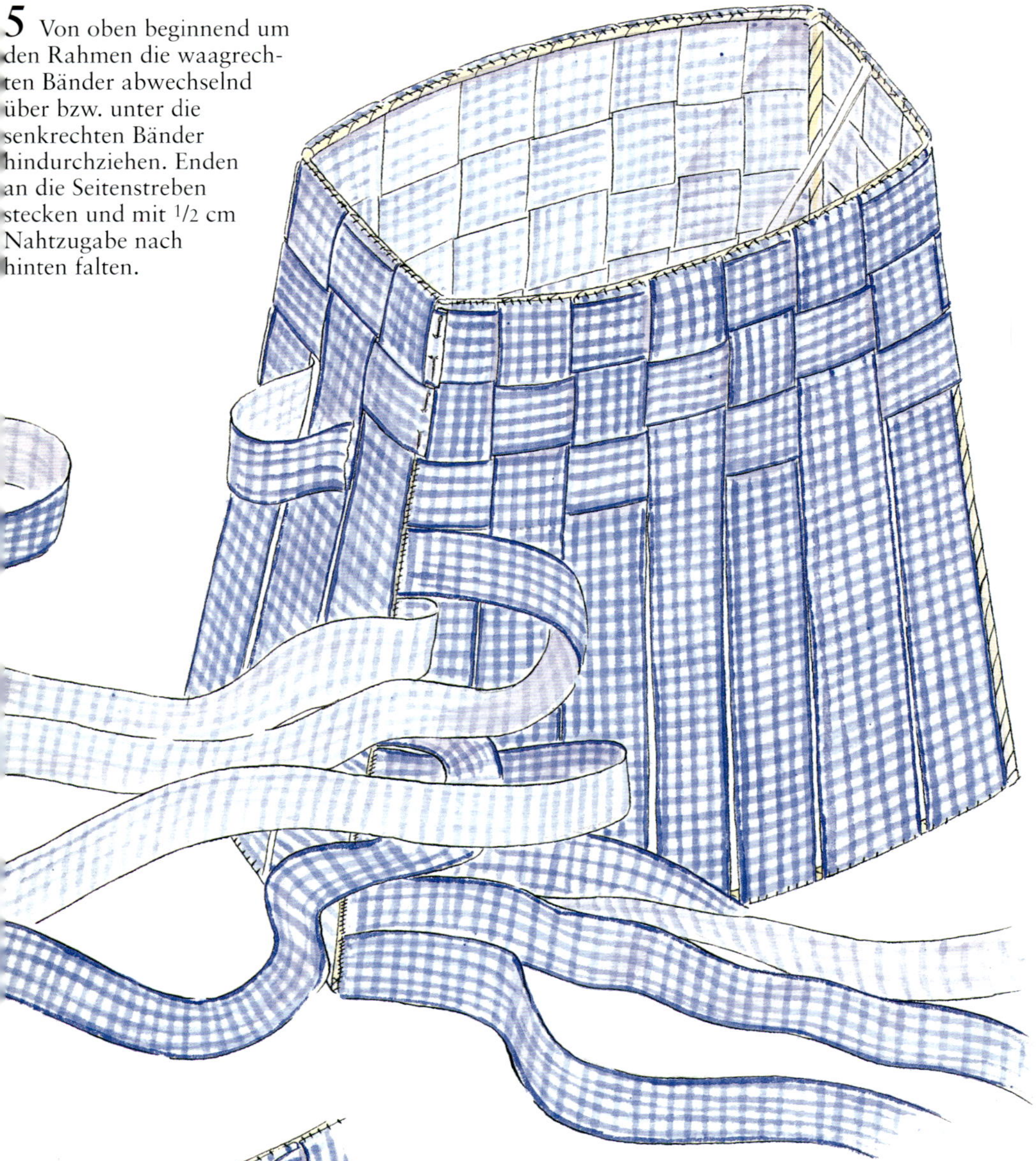

6 Nahtzugabe umknicken und auf die gegenüberliegende Kante legen. Bänder mit Schlupfstichen sauber entlang der Seitenverstrebungen an die Rahmenumwicklung nähen.

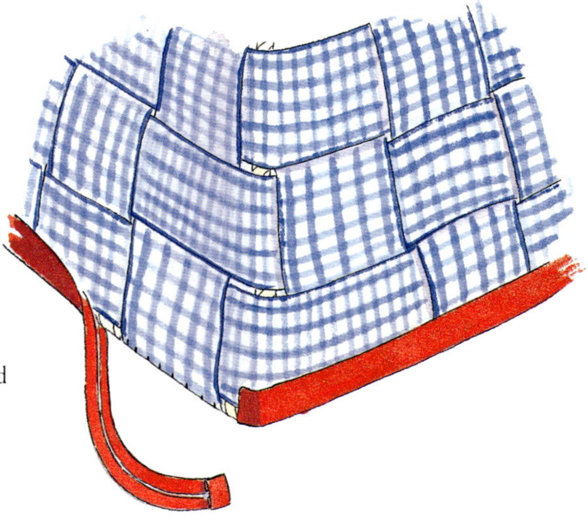

7 Zwei Schrägstreifen für den oberen und nteren Kantenabschluß mit 1 cm Nahtugabe zuschneiden (oder fertiges Schrägband erwenden), Nahtzugabe umbügeln. Kleben ie das Band entlang der Kanten und lassen ie beide Enden für einen sauberen Abschluß berlappen.

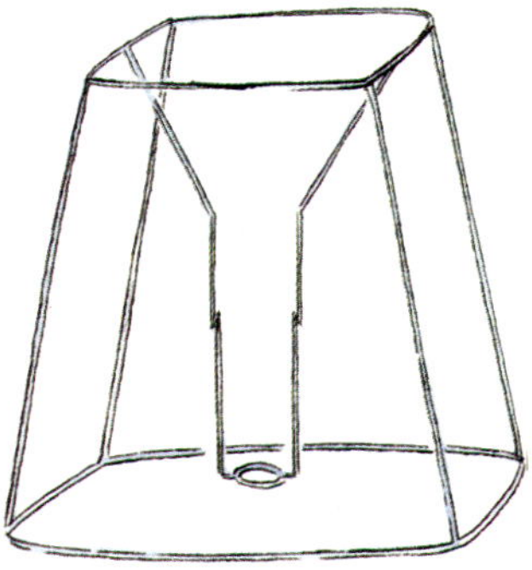

1 Beginnen Sie mit der Umwicklung der Ober- und Unterkanten sowie der Seitenstreben des Rahmens (siehe Techniken, S. 101).

2 Für die senkrechten Flechtbänder 20 Streifen von je 28 cm Länge vorbereiten. Stecken Sie je sieben an die längere und drei an die kürzere Seite des Rahmens leicht überlappend aneinander. Bänder mit Überwendlichstich (siehe Techniken, S. 102) an die obere Umwicklung annähen.

3 Band für Band nach unten ziehen und an die Unterkante anstecken. Da der untere Rahmen breiter ist, werden größere Abstände zwischen den Bändern entstehen. Darauf achten, daß sie gleichmäßig sind. Bänder mit Überwendlichstich an die Umwicklung annähen und Kanten versäubern.

4 Für die waagrechten Flechtbänder 10 Streifen von je 80 cm Länge zuschneiden. Streifen gleichmäßig von oben nach unten an einer Seitenverstrebung feststecken. Bänder mit Schlupfstich (siehe Techniken, S. 102) annähen.

Tutu aus Voile

Durch lockeres Raffen des leicht sperrigen Organzastoffes erhält der Schirm etwas von dem Ballettröckchen einer Ballerina; das oben gebundene Voileband verleiht dem Ganzen Zartheit und Bewegung. Dieses hübsche Modell ist erstaunlich einfach zu fertigen und besteht aus einem flachen, weiß gefütterten Schirm aus durchsichtigem Voile. Musselin, Spitze und andere dünne Stoffe eignen sich ebenso wie ein andersfarbiges Futter für leicht diffuse Lichtquellen.

Material & Werkzeug

Kegelförmiger Rahmen mit oberer Klemmhalterung und sechs Seitenverstrebungen: oberer Durchmesser 10 cm; unterer Durchmesser 28 cm; Höhe 17 cm

50 cm Futterseide, 115 cm breit

50 cm Organza, 150 cm breit

1 cm breites Wickelband

1,25 m Organzaband, 4 cm breit

Stoffkreide

Grundausstattung (siehe S. 98)

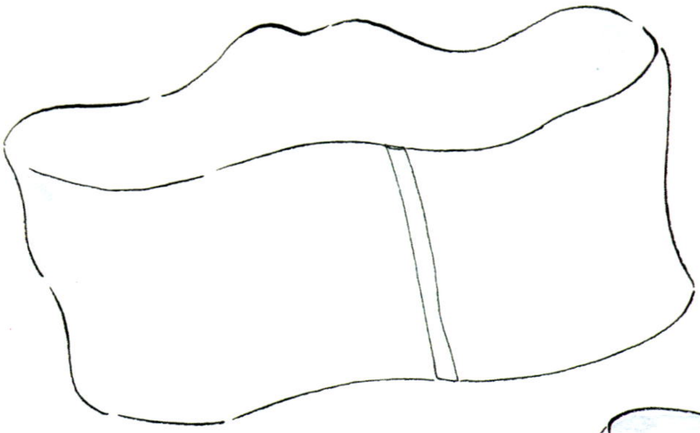

6 Für den dekorativen Überzug ein 34 × 145 cm großes Stück Organza zuschneiden. Die beiden Querkanten rechtsseitig mit einer französischen Naht zusammennähen (siehe Techniken, S. 103).

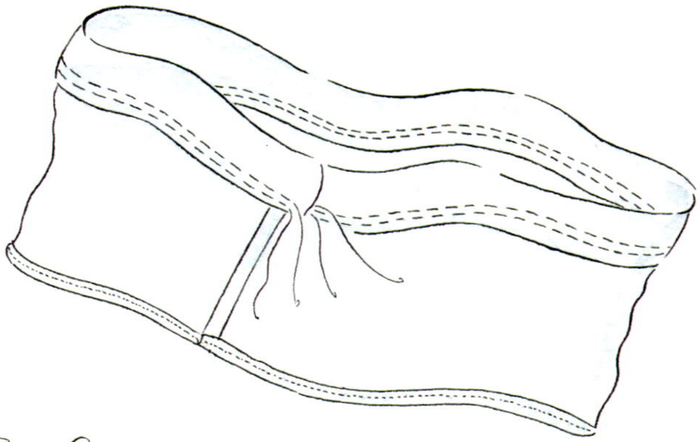

7 Falten Sie zweimal 1 cm entlang einer Längsseite und steppen Sie diesen Saum sofort mit der Maschine.

8 Für die Rüsche 5 cm des unfertigen Randes nach innen falten und an der Kante einen doppelten Heftstich (siehe Techniken, S. 102) für die oberen Falten nähen.

9 Den Überzug über den Lampenschirm stülpen und die Rüschen dabei so lange zurechtziehen, bis sie gut sitzen. Mit Schlupfstich entlang der Kräuselnaht an das Futter nähen.

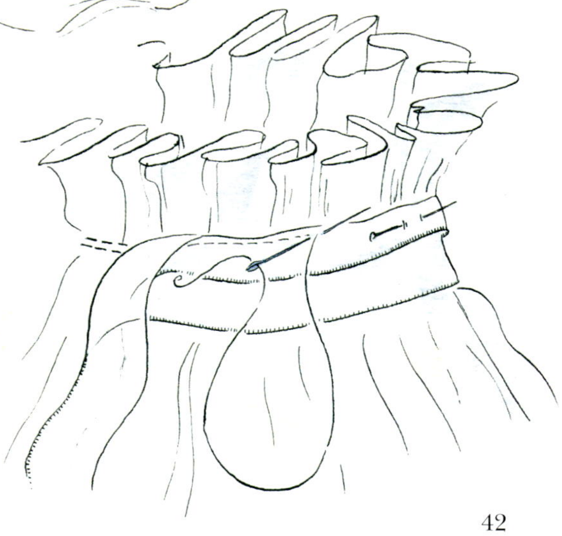

10 Zuletzt schneiden Sie die Kanten des Organzabandes schräg ab und binden es an der Kräuselnaht um die obere Schirmhälfte. Legen Sie nun das obere Drittel des Bandes um und nähen Sie diesen Falz mit einem durchgehenden Steppstich entlang der Kräuselnaht an den Schirm. Aus den Enden binden Sie eine Schleife.

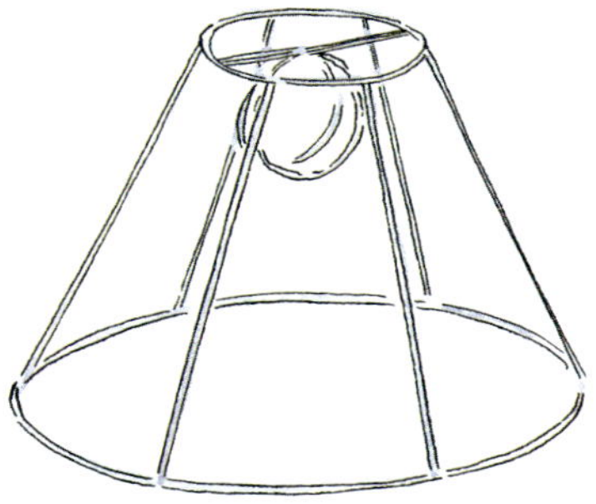

1 Umwickeln Sie Ober- und Unterring sowie die Seitenstreben (siehe Techniken, S. 101).

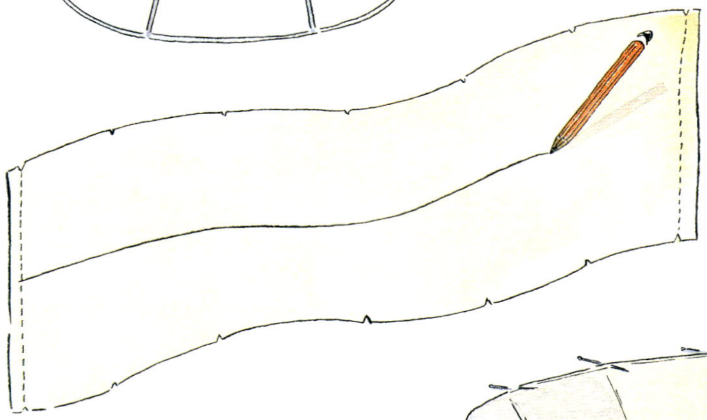

2 38 × 90 cm Futterstoff abmessen und zuschneiden. Mit der Stoffkreide oben und unten sechs gleich große Abschnitte der Länge nach anzeichnen und an den Kanten 1 cm Nahtzugabe berechnen. Dann längsseits in der Mitte einen Strich ziehen.

3 Diese Mittellinie an untere Ringkante legen, an das Wickelband stecken und Querkanten überlappend versäubern. Mit Schlupfstich an das Wickelband der Unterkante nähen.

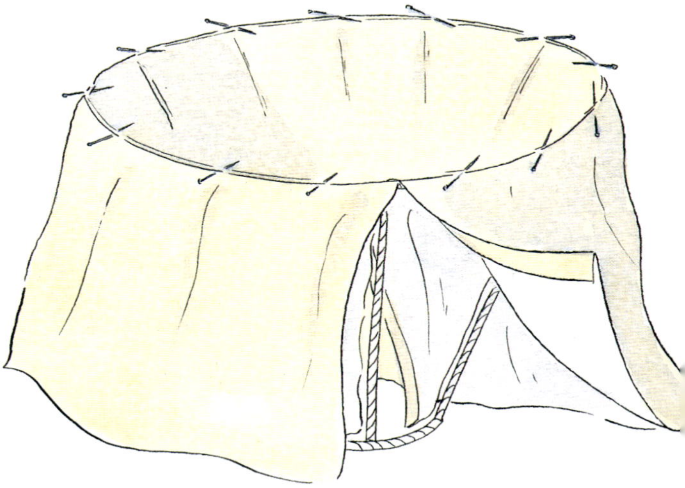

4 Zunächst die Seide am Rahmeninneren nach oben ziehen, um die Kante legen und die sechs vorgezeichneten Stellen an die jeweilige Seitenstrebe stecken; für die Streben der Halterung zwei kleine Einschnitte machen, damit man das Futter durchziehen kann. Den Stoff zwischen den Streben in kleine Falten legen und an die obere Rahmenumwicklung mit flachem Saumstich (siehe Techniken, S. 102) annähen und versäubern.

5 Für das Außenfutter aus Seide wiederholen Sie diese Arbeitsschritte, dabei aber obere Rohkante überdecken und versäubern.

Tischlampen

Dieser Bereich bietet eine überwältigende Auswahl an Lampen. Die Stilrichtungen umfassen schmale Kerzenständer mit zarten Schirmen, Halbschirme zum dekorativen Abschluß von Sims oder Vorsprung, schwere urnenähnliche Sockel mit sehr großen Schirmen für die punktuelle, gemütliche Beleuchtung von Kaffee- oder Beistelltischen, Lese- bzw. Schreibtischlampen, oder hübsche Lampen für Frisier- und Nachttisch im Schlafzimmer.

Links: Weißer Gipssockel mit einem versteiften, konischen Schirm aus farbigem Stoff. *Unten von links:* Weiß gepünktelter Musselin mit Rüschen; glockiger Schirmrock aus provenzalischer Baumwolle; versteifter Baumwollstoff auf Flachschirm mit klassischem Glassockel.

Oben: Schmaler Sockel mit Faltenschirm aus dünn gewebter, blauer Baumwolle. *Rechts:* Wendige Messinglampe mit wunderschönem Schirm in Kellerfalten im Streifenlook.

Oben: Praktisch und schön: Angewinkelte Schreibtischlampe mit tailliertem Schirm und zweifacher Rüsche als Randbesatz.
Links von oben nach unten: Gefältelter Flachschirm mit einem Unterschied – hellgelbe Messerfalten aus Seide mit blauem Schrägband und dazu passend die lange, zweifarbige Fransenbordüre; gestreifter Stoff in sauberen Kellerfalten an einem Empireschirm mit entsprechend farbigem Schrägband; ein schmaler Ovalschirm eignet sich hervorragend für schmale Simse.
Oben: Lustig gepünktelter Voile in üppigen Falten an einem Empireschirm, der ein Maximum an Licht abgibt; Ober- und Unterkante dieses Schirms sind mit einer Schmetterlingsbordüre und kontrastierendem Blauband verziert.
Unten: Eine französische Nachtlampe aus Messing wird mit zwei blau-weiß gestreiften Schirmen aufgefrischt.

Kegelschirm mit Kellerfalten

Ein rot-gelber Toile de Jouy in Kellerfalten überzieht und verdeckt einen gewöhnlichen Kegelschirm. Der Stoff fällt in breite Falten, so daß die Bildmotive sichtbar bleiben. Die Schleife ist eine hübsche Zugabe und betont die Taille des Schirms und den Kräuseleffekt der oberen Kellerfalten.

Material & Werkzeug

Rahmen mit sechs Streben und versenkter Halterung: oberer Durchmesser 13 cm, unterer Durchmesser 25 cm, Höhe 17 cm

50 cm Futterstoff, 115 cm breit

1,50 m Toile de Jouy, 115 cm breit

1 cm breites Wickelband

Grundausstattung (siehe S. 98)

6 Für den losen Schirmüberwurf ein 1,5 m × 32 cm großes Stück Toile de Jouy entsprechend dem Muster zuschneiden. Die Stoffbahn rechtsseitig aufeinanderlegen und die kurzen Kanten mit einer Nahtzugabe von 1 1/2 cm mit der Maschine zusammennähen. Den Saum jeder Seite nochmals 1/2 cm falten und mit der Maschine nähen. *Nicht* am restlichen Stoff festnähen.

7 Schlagen Sie für die Unterkante einen Doppelsaum von 1/2 cm um und heften und nähen Sie ihn mit der Maschine an. Dann schlagen Sie an der Oberkante 6 1/2 cm des Stoffes auf links um und heften diese an.

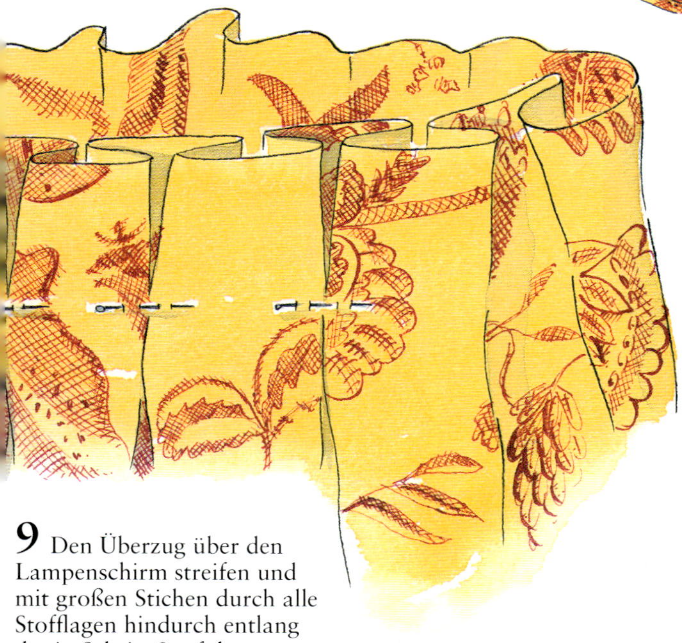

8 Den Stoff in mehrere Kellerfalten legen; es sollten insgesamt 12 Falten von je 2 cm Tiefe und 4 cm Breite sein. Die Falten abstecken; wo es für einen besseren Sitz nötig ist, ziehen Sie den Stoff entsprechend zurecht. Heften und nähen Sie dann mit der Maschine 5 cm unterhalb der Oberkante.

9 Den Überzug über den Lampenschirm streifen und mit großen Stichen durch alle Stofflagen hindurch entlang der in Schritt 8 erfolgten Maschinennaht annähen.

10 Für die Schleife ein 1,4 m × 6,5 cm langes Band des Toule de Jouy vorbereiten; sollten Sie anstückeln, achten Sie bitte auf das Muster. Die Hälfte des Streifens längsseits rechts auf rechts umschlagen und die Kanten leicht anschrägen. Mit der Maschine die Längskante und eine der Querkanten mit einer Nahtzugabe von 1/2 cm nähen.

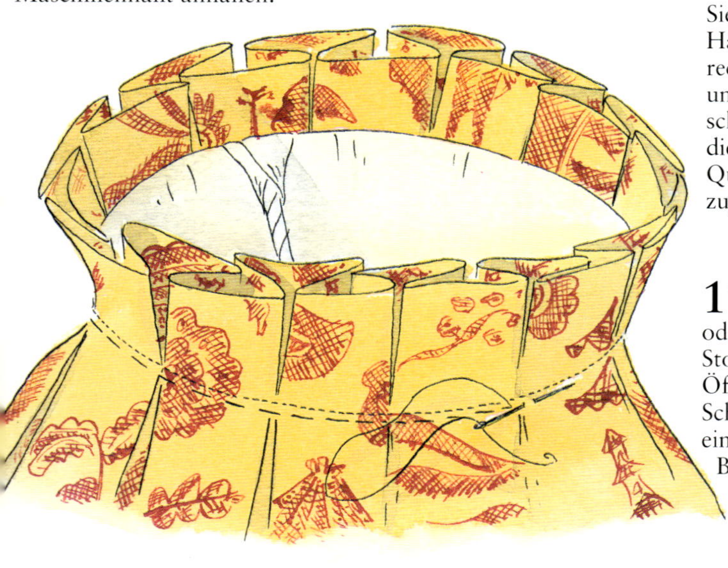

11 Mit Hilfe einer Strick- oder Sicherheitsnadel den Stoff rechtsseitig durch die Öffnung herausziehen. Schnittkanten nach innen einschlagen und versäubern. Binden Sie das Band am Oberrahmen zu einer Schleife.

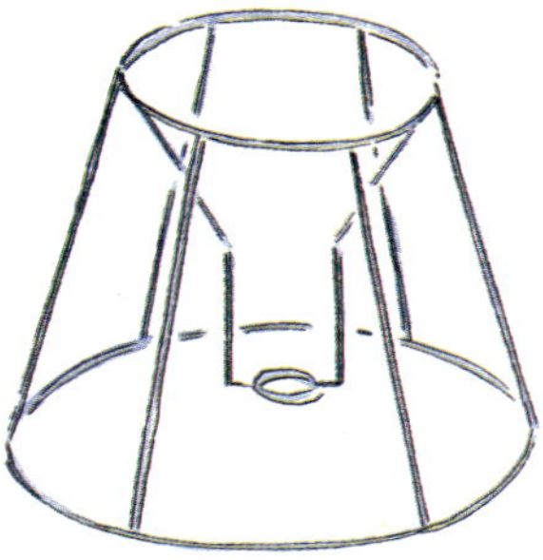

1 Beginnen Sie mit der Umwicklung des oberen und unteren Ringes sowie den Seitenverstrebungen des Rahmens (siehe Techniken, S. 101).

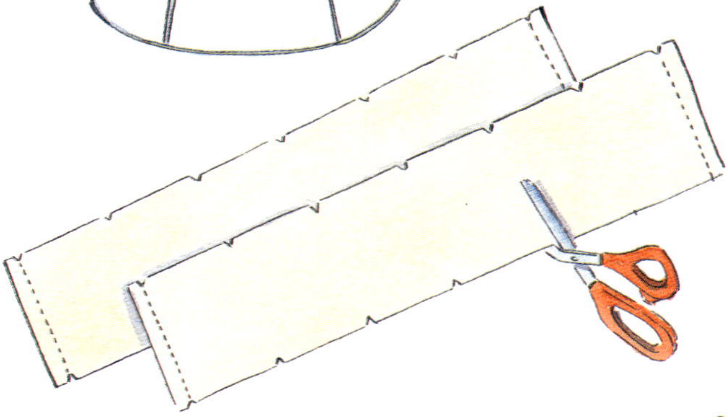

2 Schneiden Sie zwei 82 × 20 cm große Futterstücke zu. Unterteilen Sie den Stoff in sechs gleich große Abschnitte mittels Einkerbungen an oberer und unterer Längskante. An den Querkanten 1 cm Nahtzugabe berücksichtigen.

3 Stecken Sie ein Stück des Futters am unteren Ring des Außenrahmens an, wobei Sie die Einschnitte an die Streben legen. An einem Ende die Nahtzugabe nach hinten umlegen und über die Schnittkante des anderen Endes ziehen. Stoff nach oben ziehen und an Seitenstreben anstecken; dazwischen glatte Falten abstecken. Futterstoff mit Saumstich annähen (siehe Techniken, S. 102) und Kante versäubern.

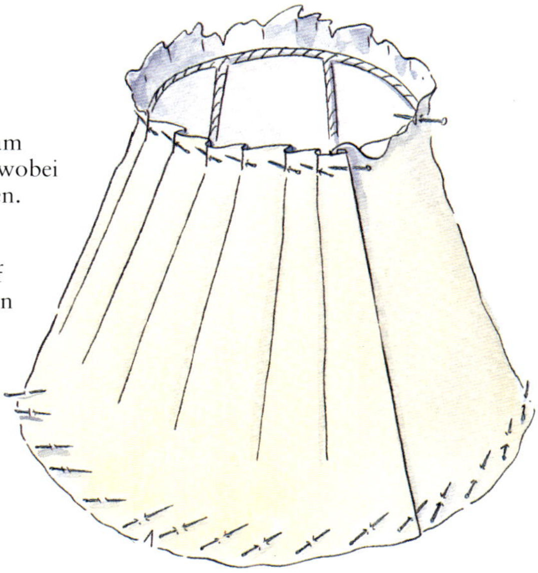

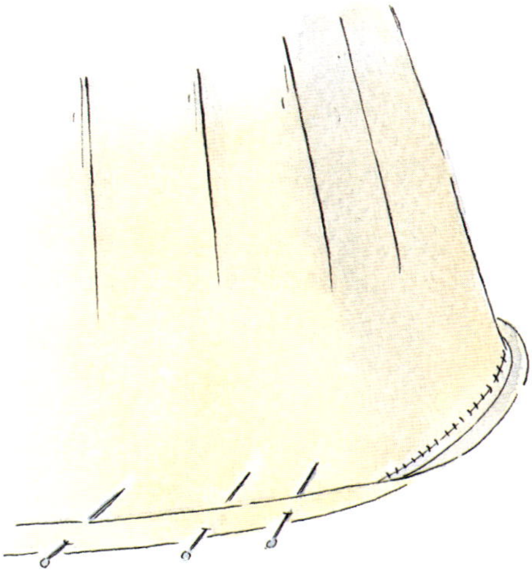

4 Nun das zweite Futterstück an der Rahmeninnenseite feststecken; dabei machen Sie zwei kleine Schlitze für die Halterung. Straffziehen und Stoff wie in Schritt 3 anstecken, zur Nahtversäuberung jeweils oben und unten 1/2 cm über Rand und Rohkante falten. Oben und unten mit Saumstich annähen und versäubern.

5 Für die Versäuberung der Sockelstreben zwei 4 × 7 cm große Futterstücke zuschneiden. Beide Längsseiten zur Mitte falten und Streifen um Strebe wickeln. Schnittkanten umschlagen, anstecken und mit Hand an den Oberrahmen festnähen.

Gerüscht und gemustert

Ein blauer Überrock mit provenzalischem Muster und Rüschennaht ist locker auf einem Flachschirm drapiert. Der dehnbare Abschluß garantiert den einwandfreien Sitz des Überwurfs. Bei der Auswahl des Stoffmotivs ist Ihnen freie Hand gelassen. Ein großer Vorteil dieser Schirmgestaltung besteht darin, daß der Überzug leicht abnehmbar und waschbar ist.

Material & Werkzeug

Rahmen mit acht Seitenstreben und Doppelhalterung: unterer Durchmesser 16 cm, oberer Durchmesser 25 cm, Höhe 17 cm, inkl. 4 cm für den Kragen

1,25 m Futterstoff, 115 cm breit

50 cm provenzalische Baumwolle, 150 cm breit

1 cm breites Wickelband

1,50 m Gummi, 1/2 cm breit

Grundausstattung (siehe S. 98)

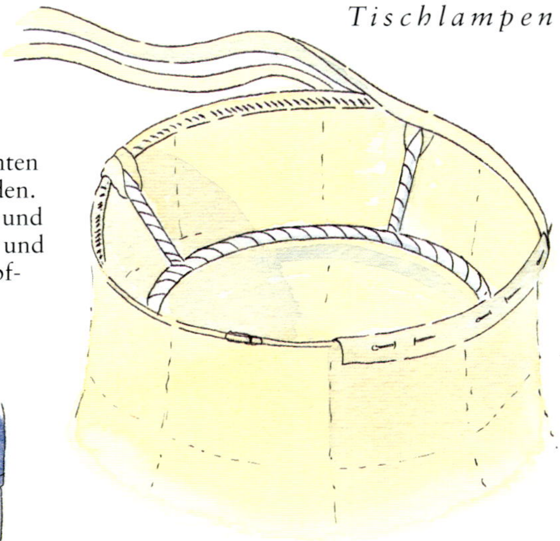

7 Zum Abschluß der Kanten ein 83 × 2,5 cm großes Band aus Futterstoff für unten und ein 55 × 2,5 cm großes für oben zuschneiden. Beide Bänder mit Längsseite nach innen falten und umbügeln. Bänder über die Kanten am oberen und unteren Ring ziehen, anstecken und mit Schlupfstich annähen.

8 Für die äußere Ummantelung ein 45 × 128 cm großes Stück provenzalischer Baumwolle zuschneiden. Zur Hälfte falten, Querkanten rechtsseitig aufeinanderlegen, abstecken und mit 1 cm Nahtzugabe mit der Maschine zusammennähen. Naht auseinanderbügeln.

9 Den Stoffschlauch linksseitig drehen, Oberkante 6 cm umschlagen, anstecken und mit Heftfaden fixieren.

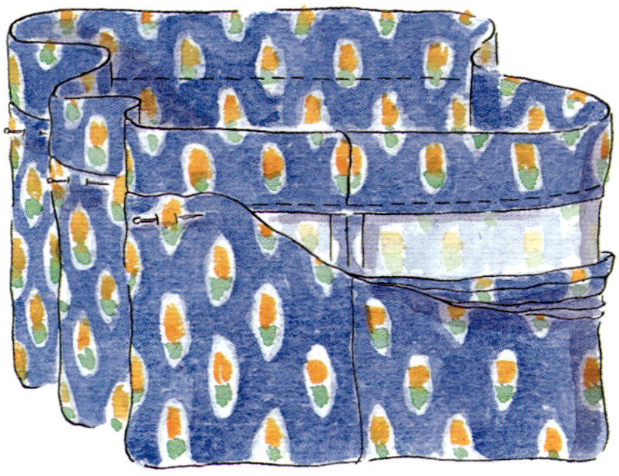

10 Unterkante 1/2 cm nach oben schlagen und umbügeln, dann die gesamte untere Schlauchhälfte links auf links nach oben falten; Unterkante und Heftnaht der Oberkante 1/2 cm überlappen, anstecken und durch alle Stoffschichten hindurch mit der Maschine nähen.

11 Machen Sie mit der Maschine 1,25 cm unterhalb der Oberkante und in einem Abstand von 1,25 cm drei Parallelnähte. Stechen Sie drei Löcher in den in Schritt 8 genähten Seitensaum. In jede Öffnung eines der 48 cm langen Gummibänder mit einer Sicherheitsnadel einführen und durchziehen. Die Gummienden 1 cm überlappend zusammennähen. Die Öffnungen mit Schlupfstich vernähen und die fertige Verkleidung über das Schirmgestell stülpen.

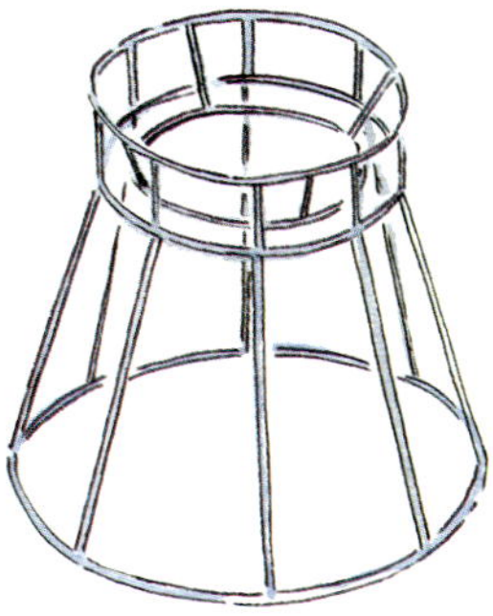

1 Binden Sie den ganzen Rahmen mit Wickelband ab (siehe Techniken, S. 101).

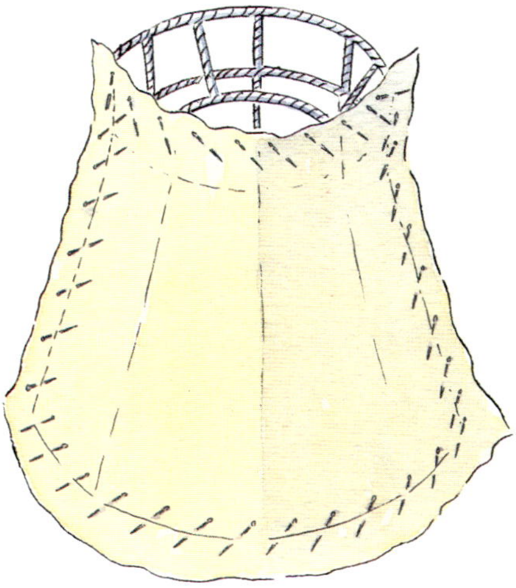

2 Vier 20 × 43 cm große Futterstücke zuschneiden. Stecken Sie eines an die eine Rahmenhälfte, mittig an Ober- und Unterring beginnend über Seiten und Kanten zu den gegenüberliegenden Seiten und zwar so lange, bis der Futterstoff straff sitzt. Den Umriß der abgesteckten Form anzeichnen, dann den Stoff abnehmen und nach diesem Schnittmuster drei weitere Stücke mit jeweils 2 1/2 cm Nahtzugabe fertigen.

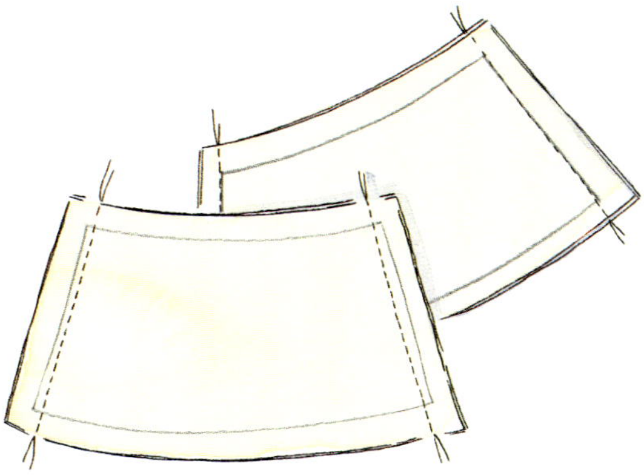

3 Für die äußere Ummantelung zwei Stoffbahnen rechts auf rechts legen und entlang der Markierungen zusammennähen. Bei der inneren Umfütterung kürzen Sie die Markierung um jeweils 3 mm Breite für einen straffen Sitz.

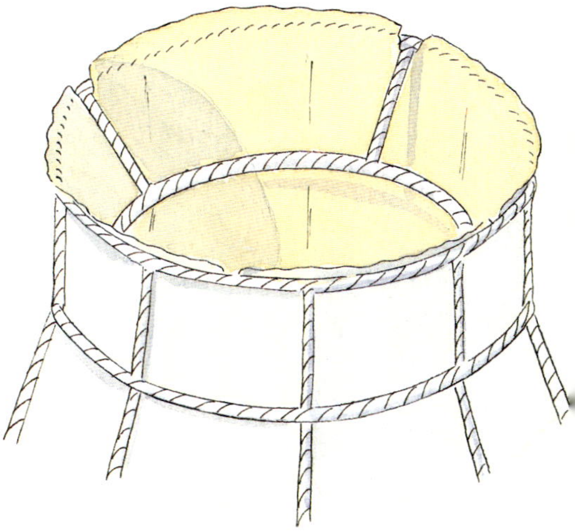

4 Das Innenfutter linksseitig nach außen durch den Rahmen ziehen. Die Seitensäume an zwei gegenüberliegende Streben anlegen; Futter oben und unten straffziehen und anstecken. Für die Streben oben vier kleine Einschnitte in das Futter machen. Futter mit flachem Saumstich (siehe Techniken S. 102) an die obere und untere Rahmenumwicklung nähen und versäubern.

5 Die äußere Umfütterung über die Rahmenoberkante falten und an den Innennähten feststecken. Oben und unten mit Saumstich annähen.

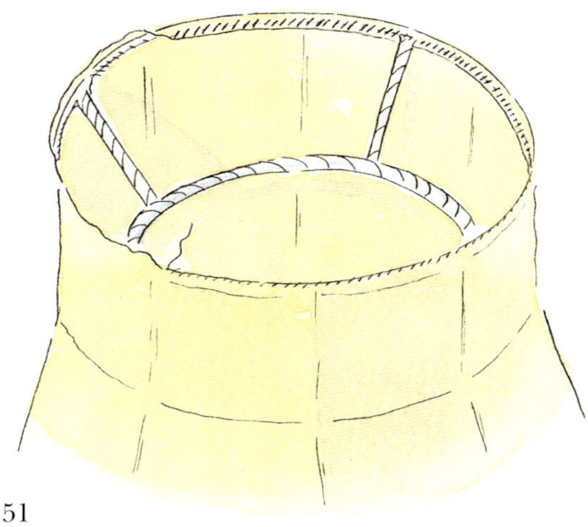

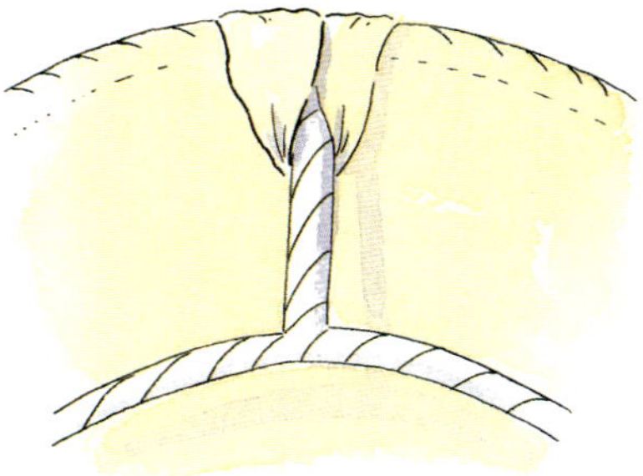

6 Vier 6 × 2,5 cm große Streifen des Futters zuschneiden. Beide Längsseiten zur Mitte hin falten und jeweils einen Streifen unter die Doppelverstrebungen ziehen und an der Rahmenkante mit Hand vernähen und versäubern.

Geschlossener Schirm

Dieser hutförmige Schirm ist aus rosa Taft gefertigt und mit cremefarbener Seide und handgenähter Rosette geschmückt. Der strenge Faltenlook rührt von den schmalen Messerfalten her, die diesen Schirm von Kopf bis Fuß umgeben. Da es sich um einen geschlossenen Schirm handelt, ist die Verwendung einer Birne von niedriger Wattleistung unerläßlich, um die Brandgefahr auf ein Minimum zu beschränken.

Material & Werkzeug

Rahmen mit sechs Seitenverstrebungen, sechs oberen Streben und versenkter Halterung: unterer Durchmesser 24 cm, oberer Durchmesser 15 cm, Durchmesser des Mittelringes 4 cm, Höhe 14 cm

1,25 m rosa Taft, 115 cm breit

25 cm Futterstoff, 115 cm breit

50 cm cremefarbene Taftseide, 115 cm breit

1 cm breites Wickelband

Grundausstattung (siehe S. 98)

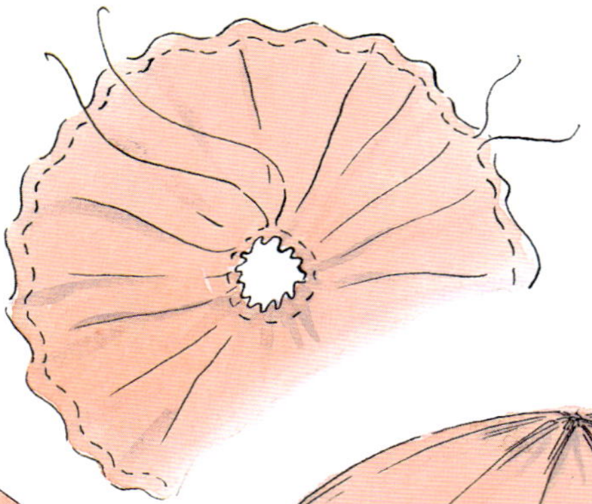

7 Für die Außenverkleidung ein Rundstück von 23 cm Durchmesser aus Taftseide zuschneiden; ein weiteres von 5 cm Durchmesser mittig ausschneiden. Steppen Sie die Kanten der Rundstücke ab, wobei Sie das Innenteil in Falten legen und mit ein paar Extrastichen fixieren. Die Falten nach außen ziehen, anstecken und am Außenring des Rahmens mit Saum- oder überwendlichen Stichen annähen.

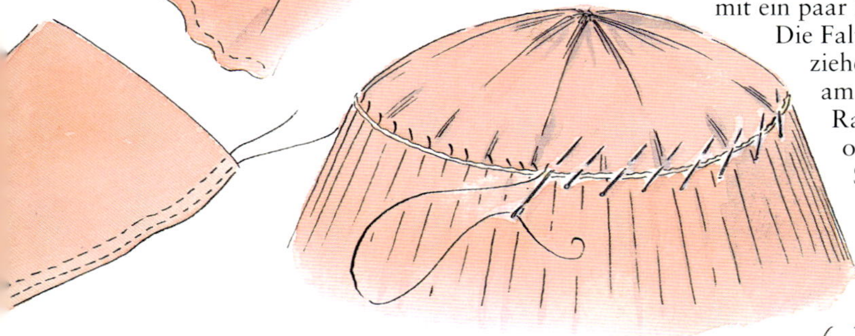

8 Für die Rosette ein 4 × 22 cm großes Taftstück zuschneiden und mit der Maschine rechtsseitig mit 1/2 cm Nahtzugabe zusammennähen. Die Längsseiten zur Hälfte linksseitig nach innen legen und nahe entlang der Oberkante steppen. Kräftig anziehen, um die Mitte in Falten zu legen.

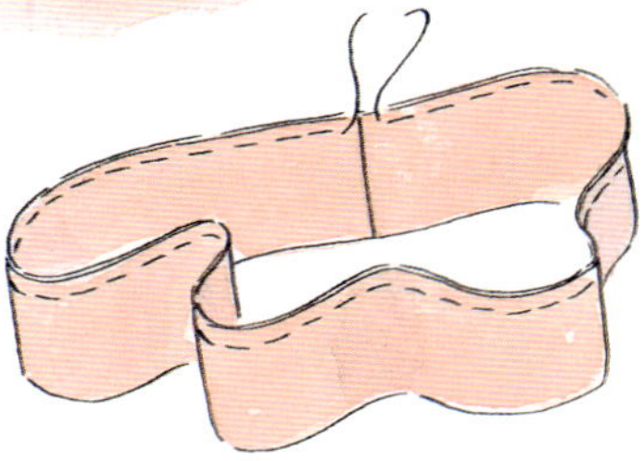

9 Kleben Sie die Rosette in die Mitte der Schirmbedeckung.

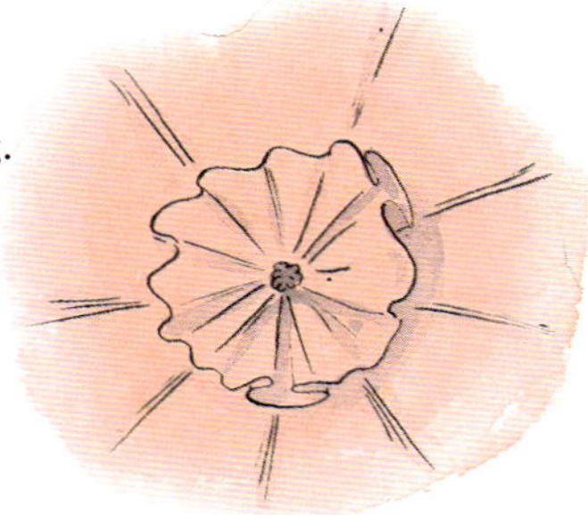

10 Für den Randabschluß einen cremeweißen und einen rosa Taftstreifen in den Maßen 51 × 4 cm schräg zuschneiden. Querkanten mit der Maschine rechtsseitig mit Schrägsaum und 1 cm Nahtzugabe nähen. 1 cm der Längsseite umschlagen und umbügeln.

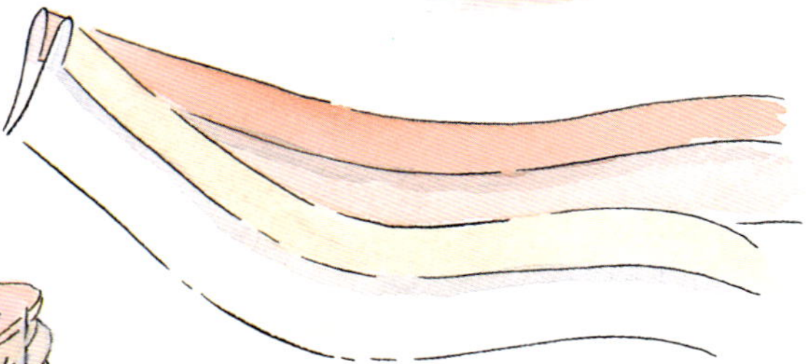

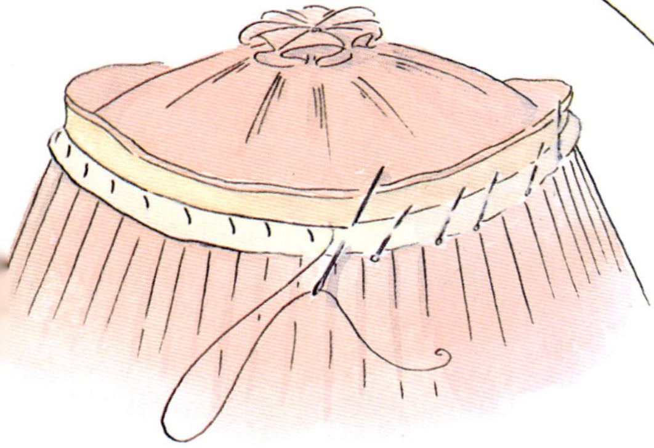

11 Das cremeweiße Band rechtsseitig auf die linke Seite des rosa Bandes legen und die Schnittkanten mit der rosa Seite nach unten und dem Schrägband nach innen an den Rahmen stecken. Mit flachen Saumstichen festnähen.

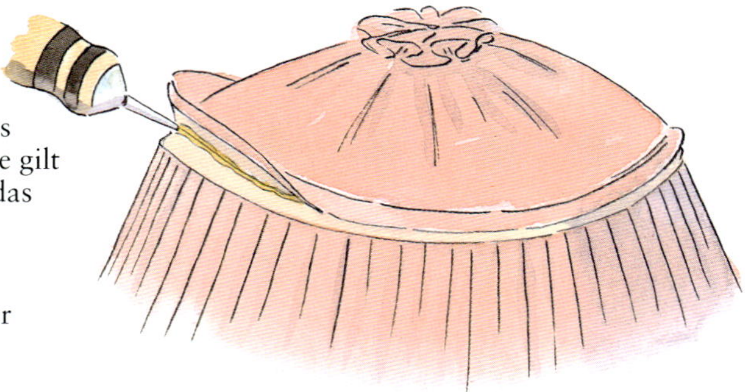

12 Die Oberkante mit Klebstoff bestreichen und die umgeschlagene Seite des cremeweißen Bandes andrücken, das gleiche gilt für das rosa Band. Achten Sie darauf, daß das cremefarbene Band sichtbar bleibt.

13 Wiederholen Sie Schritt 11 und 12 für die Unterkante mit Bändern in den Maßen 75 × 4 cm.

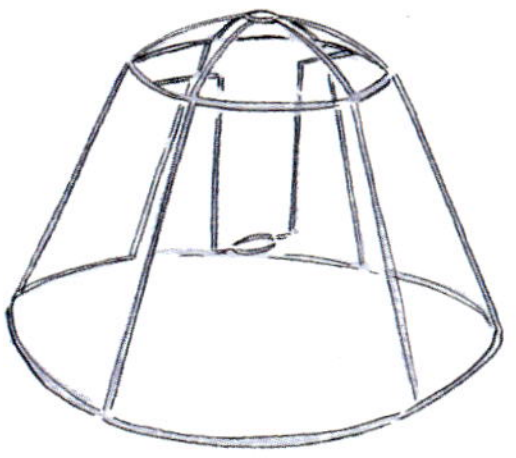

1 Beginnen Sie mit der Umwicklung des oberen und unteren Rahmens (siehe Techniken, S. 101).

2 Zwei 1,14 m × 17 cm große Taftstücke zuschneiden und durch kleine Einschnitte an den Längsseiten in jeweils drei gleich große Abschnitte mit 1 cm seitlicher Nahtzugabe unterteilen.

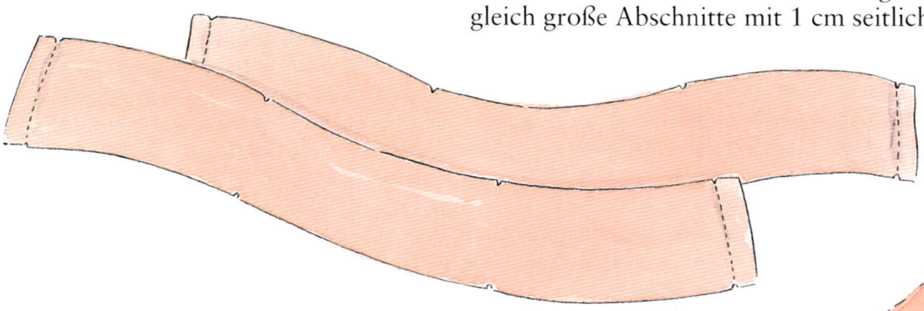

3 An den Unterkanten zweifach entlangsteppen und dann entlang der Oberkanten eine gleiche Anzahl von Messerfalten abstecken, damit beide Hälften später gleichmäßig am Oberrahmen sitzen. Mit Heftfaden befestigen.

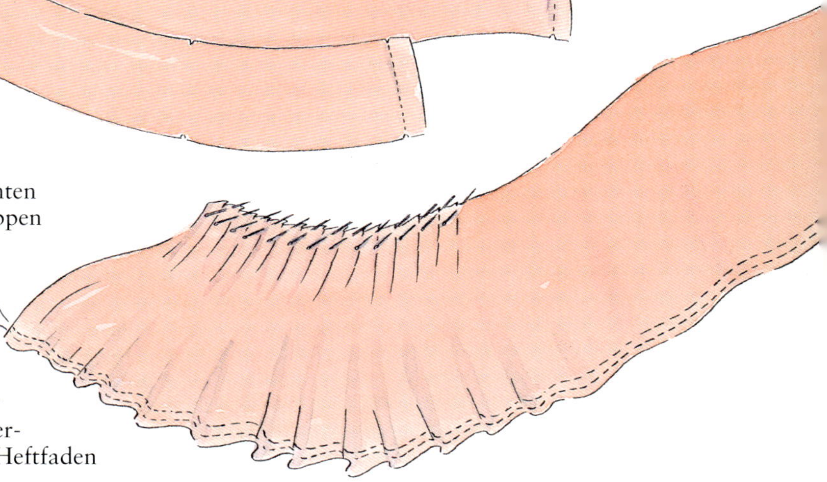

4 Eine Hälfte von Strebe zu Strebe an den oberen Rahmen stecken, Falten nach unten ziehen und anstecken. Mit der anderen Stoffhälfte verfahren Sie genauso und überlappen die Kanten. Ober- und Unterkanten mit Saumstich annähen und versäubern.

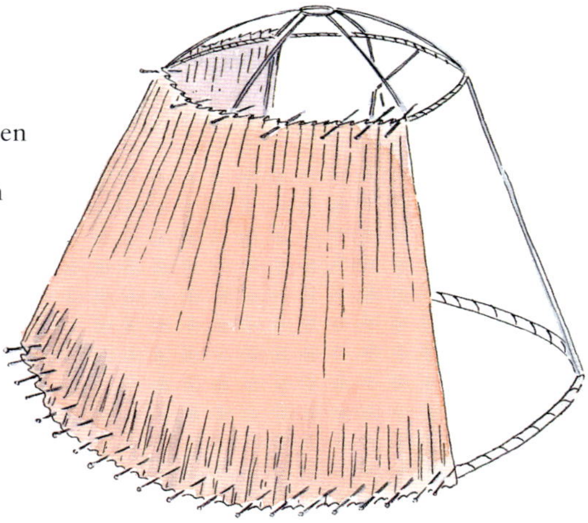

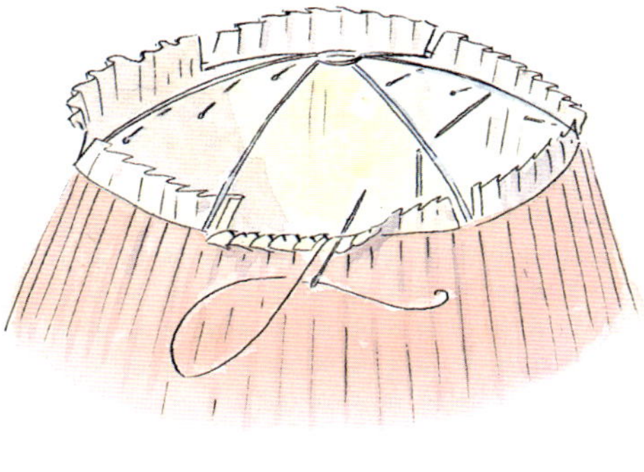

5 Ein 17 × 25 cm großes Stück Futter zuschneiden und wie in Schritt 2 in sechs gleich große Abschnitte unterteilen. Die Einschnitte innen an die Streben stecken, an einer Kante 1 cm umschlagen, so daß sie mit der anderen überlappt. An der Oberkante zwischen den Streben ein paar kleine Falten abstecken und in den Stoff kleine Einschnitte für Halterung und Verstrebungen machen. Oben und unten mit überwendlichem Stich an das Schirmgestell nähen und versäubern.

6 Aus dem Futterstoff ein Rundstück von 20 cm Durchmesser zuschneiden (siehe Techniken, S. 98) und es über den oberen Rahmen anlegen. Daran anstecken, annähen und versäubern.

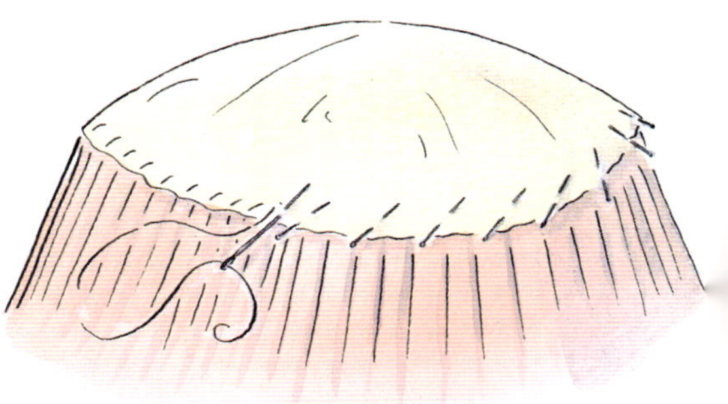

Krone mit Bogenrand

Dieser ungewöhnliche Schirm ist aus lilaweiß karierter Baumwolle mit Einlage gefertigt, so daß der Rand steif absteht und dennoch fest am Rahmen sitzt. Die Bogen sind in einem Halbkreis an der Unterkante angeordnet, dessen Ausbuchtung vorne größer ist und an den Seiten abflacht. Wenn Sie die Berechnung der Bogen irritiert, begradigen Sie die Oberkante zu einer flachen, leicht gebogenen Linie.

Material & Werkzeug

Rahmen mit vier Streben und Sockelhalterung: unterer Ringdurchmesser 15 cm, oberer Ringdurchmesser 7,5 cm, Höhe 30 cm

75 cm lilaweiß karierte, beidseitig bedruckte Baumwolle, 115 cm breit

50 cm aufbügelbare Einlage

1 cm breites Wickelband

Stoffkleber

50 cm Millimeterpapier für Schnittmuster

6 Mit einem kontrastierenden weinroten Garn linksseitig eine schmale Zickzacknaht entlang der unteren Bogen nähen. Somit sind die Kanten versäubert, verstärkt und verziert.

7 Stoff wieder rechtsseitig hinlegen und mit gleichem Zickzackstich obere Bogen und rechtsseitige Kante säumen.

8 Den unteren Teil des Schirms entlang der Einlage nach oben knicken. Auf die flache Kante Stoffkleber auftragen, an die gegenüberliegende Innenseite drücken und eine Hutform bilden.

9 Schirm über den Rahmen ziehen und ihn mit kleinen Stichen an jeweils drei Stellen am Wickelband der Ober- und Unterrahmen fixieren. Dabei Oberstoff und Einlage durchstechen.

1 Umwickeln Sie den gesamten Rahmen (siehe Techniken, S. 101).

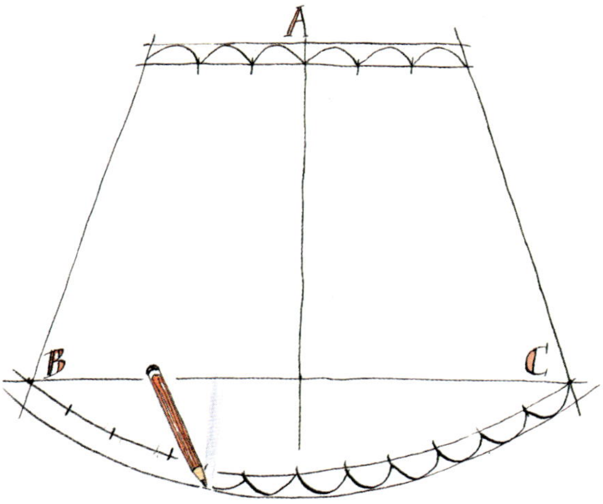

2 Für das Schnittmuster eine vertikale Linie in der Höhe von 30 cm ziehen und seitlich davon eine horizontale Linie von je 25 cm Länge. Oberhalb der vertikalen Linie beidseitig eine horizontale von jeweils 15 cm Länge ziehen. Die Seiten miteinander verbinden. In Punkt A ein Stück Schnur mit einem Stift daran stecken und einen Halbkreis von B nach C zeichnen. Ziehen Sie 2 1/2 cm unterhalb des ersten einen zweiten Halbkreis. Messen Sie die Länge des ersten Bogens mit einer Schnur und unterteilen Sie ihn in zwölf gleiche Abschnitte. Zeichnen Sie sorgfältig zwölf kleine Bogen ein, wobei der höchste Punkt des Bogens immer auf der Außenlinie liegt. Für die Bogen am oberen Rand sechs gleiche Abschnitte einteilen, eine 2 1/2 cm lange Linie und wie zuvor sechs kleine Bogen einzeichnen.

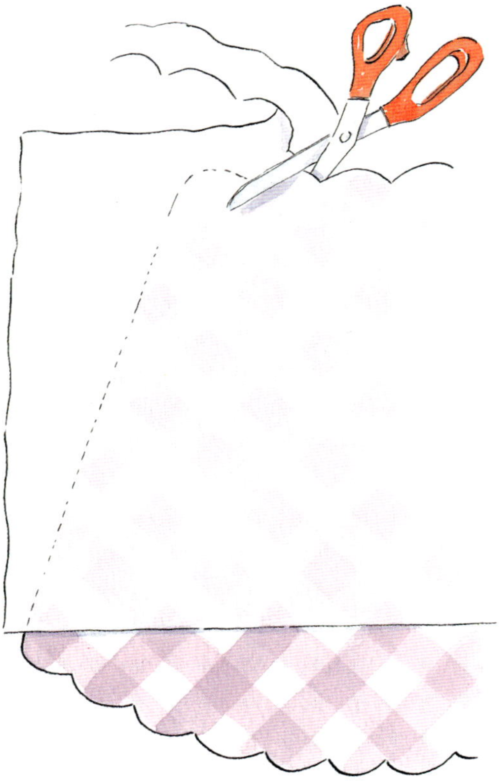

3 Den Karostoff anhand des Schnittmusters schräg zuschneiden (siehe Techniken, S. 103). Auf beiden Seiten die größte horizontale Breite zart anzeichnen.

4 Legen Sie auf die linke Seite des Karostoffs ein Stück der Einlage zum Aufbügeln und schneiden Sie es etwas größer zu als die Markierung aus Schritt 3. Bügeln Sie die Einlage auf und schneiden Sie überstehende Enden ab.

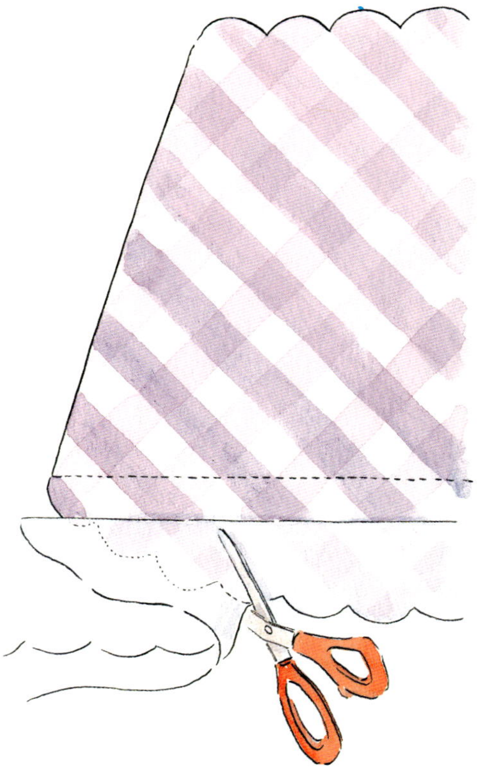

5 Nun den Stoff auf die rechte Seite drehen und ein Stück der Einlage etwas größer als den unterhalb der Linie liegenden Teil zuschneiden. Dazu eine gerade Kante der Einlage 1 cm vom Rand des Karostoffs auflegen. Die Einlage aufbügeln und seitliche und untere Überstände abschneiden.

Von oben im Uhrzeigersinn: Übereinander geschichtete Seidentaftbänder mit Perlenbesatz; Wandlampen aus Samt und hellkarierter Baumwolle; Wandarm aus Messing mit gekräuseltem Baumwollschirm; beschichteter, gelber Rupfen als trommelförmige Hängeleuchte; lose Stoffverkleidung, aufgehängt an einen runden Metallrahmen; hübsch bedruckter, fließender Voile, eng um den Kragen einer Hängelampe gerafft.

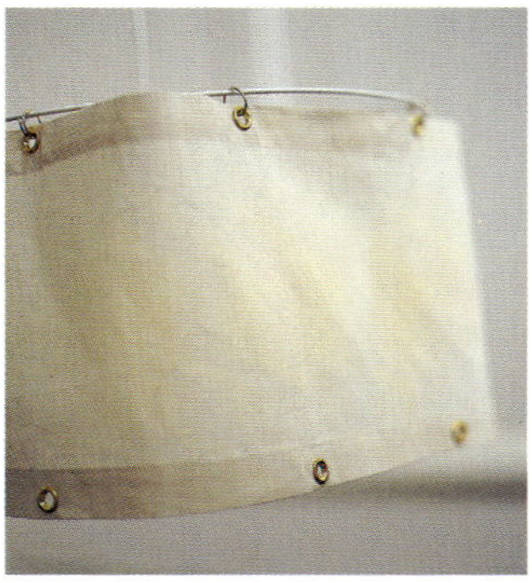

Dünne, gelbe Baumwolle durch Wäschestärke gezogen und um einen zwiebelförmigen Rahmen drapiert, der durch eine Quaste aus Satin abgeschlossen wird.

Kronleuchter aus edler Seidenmasche, die über einen Rundrahmen gezogen wurde. Goldplättchen reflektieren das Licht und halten den Schirm in Form.

Ein hängender Pagodenschirm aus engem, über mehrere Ringe gezogenen Strick ist eine beeindruckende Lichtinstallation für die Decke.

Wand- & Deckenlampen

Deckenlampen sind meist die einzige Lichtquelle in einem Raum. Sie sollten sowohl eine große Lichtmenge abstrahlen als auch dekorativer Blickfang sein. Wandlichter gibt es in Form von Deckenstrahlern, Armleuchten und Wandschirmen. Sie eignen sich vor allem als indirekte Beleuchtung, da das Licht über die umliegenden Oberflächen auf den übrigen Raum reflektiert wird.

Oben: Grau-cremeweißer Voile, dünn gestreift und gekräuselt als dichte Bespannung eines Wandschildes, dessen seitliche Rundungen die Glühbirne abdecken. Schwer entzündbarer Futterstoff beugt Brandgefahr vor.
Links: Eine Wandleuchte wirft in weitem Bogen Licht an die Decke und schafft dadurch eine wundervolle Atmosphäre. Diese hier ist mit gelbem Knittersamt bezogen und einem Lederband als Randbesatz geschnürt.

Loser Leinenüberwurf

Eine kunstvoll gearbeitete Wandleuchte erhält als Schirmüberwurf ein Stück feinstes Aprikotleinen, das kaum größer als ein Taschentuch ist. Der zart gefärbte Stoff sitzt locker auf einem Pappschirm und erweckt den Eindruck, als sei er soeben hier gelandet, um eine entspannte Atmosphäre in Form einer angenehmen Hintergrundbeleuchtung zu schaffen.

Material & Werkzeug

Pappschirm mit Sockelhalterung: oberer Durchmesser 8 cm, unterer Durchmesser 18 cm, Höhe 13 cm

50 cm Aprikotleinen, 115 cm breit

Schnittmusterpapier

Zirkel oder Stift, Reißzwecken und Schnur

Grundausstattung (siehe S. 98)

5 Stoff rechtsseitig flach hinlegen. Zeichnen Sie die Position für drei kleine Kellerfalten am Innenkreis ein; diese Punkte sollten zusammen mit der Öffnung den Kreis in vier gleich große Teile einteilen.

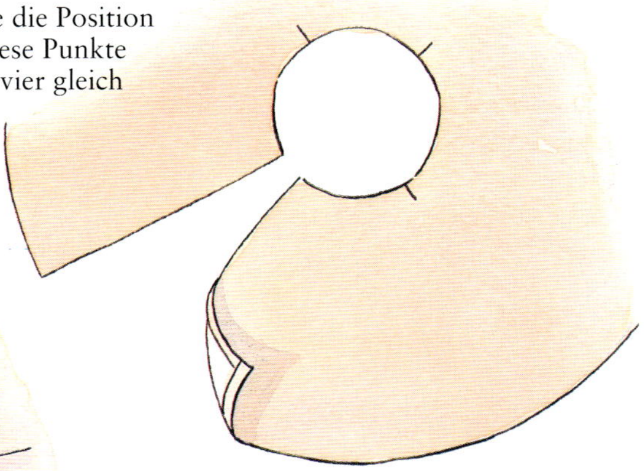

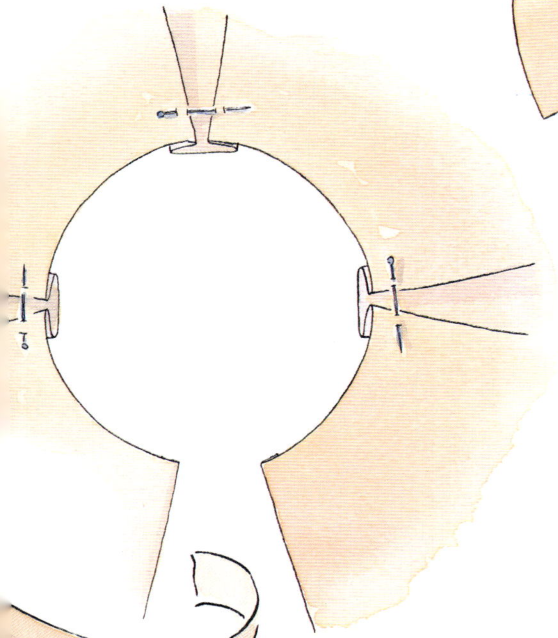

6 An den drei Markierungen legen Sie jeweils eine Kellerfalte an, indem Sie den Stoff beidseitig nach innen falten, wobei der innere und äußere Bruch 1/2 cm betragen sollte. Abstecken und anheften. Der Radius des Innenkreises sollte nun 25 cm messen.

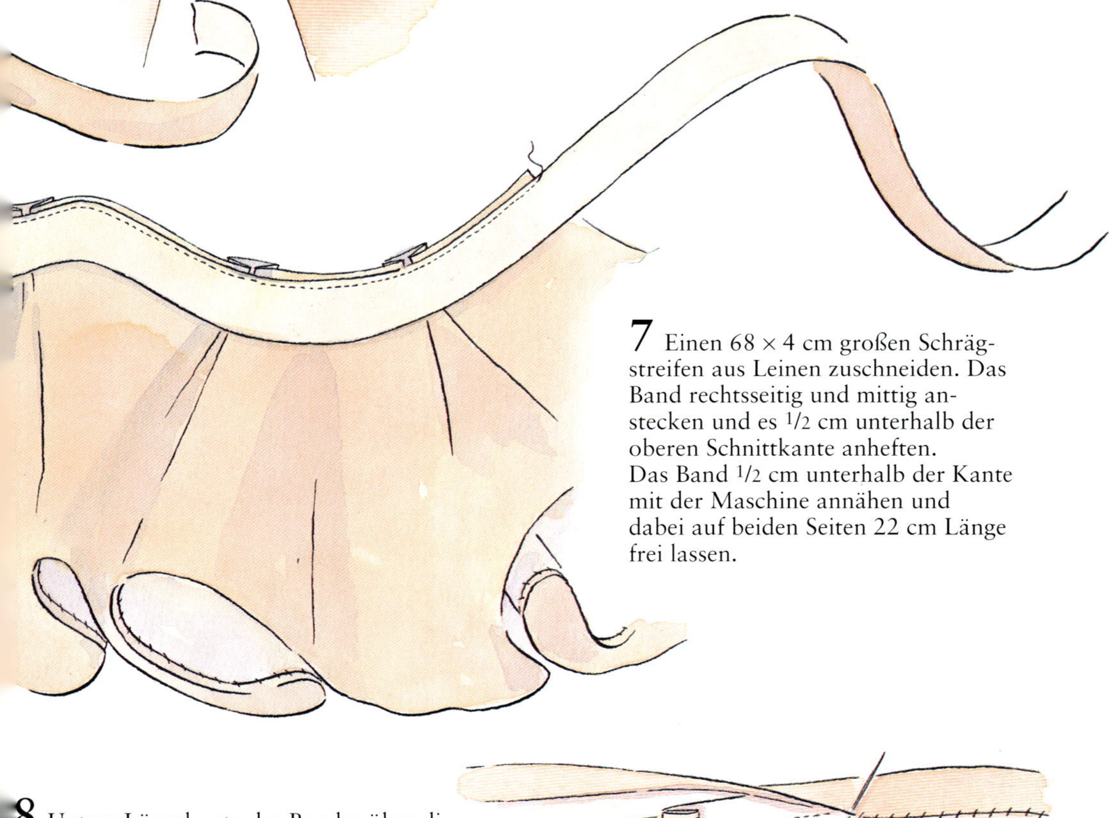

7 Einen 68 × 4 cm großen Schrägstreifen aus Leinen zuschneiden. Das Band rechtsseitig und mittig anstecken und es 1/2 cm unterhalb der oberen Schnittkante anheften. Das Band 1/2 cm unterhalb der Kante mit der Maschine annähen und dabei auf beiden Seiten 22 cm Länge frei lassen.

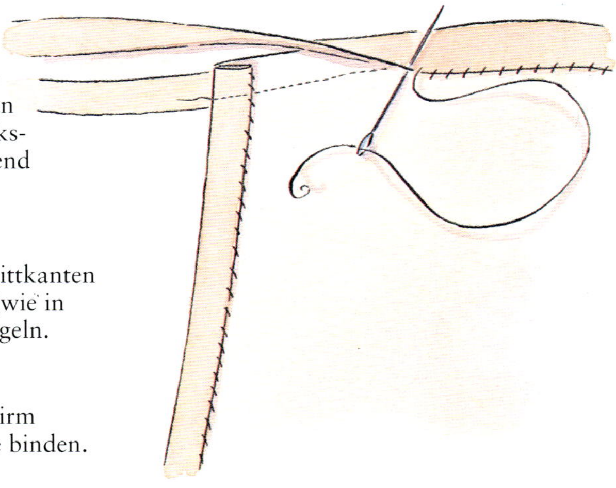

8 Untere Längskante des Bandes über die Außenkante der Schirmbespannung klappen und 1/2 cm umschlagen. Anstecken und linksseitig mit Schlupfstich die Nähte überdeckend annähen (siehe Techniken, S. 102).

9 Um die Bandenden zu versäubern, Schnittkanten um 1/2 cm nach innen falten und Öffnung (wie in Schritt 8) mit Schlupfstich annähen und bügeln.

10 Fertigen Überwurf über den Pappschirm streifen und offene Bänder zu einer Schleife binden.

1 Beginnen Sie mit der Anfertigung einer Schablone; benutzen Sie hierzu ein Pappquadrat mit einer Seitenlänge von 46 cm. Für den Umriß stecken Sie eine Schnur bzw. ein Band mit einem daran befestigten Stift in die Mitte der Pappe und ziehen damit einen Kreis mit 20 cm Radius; dann in der Mitte des Außenkreises einen Innenkreis mit 4 1/2 cm Radius zeichnen. Schneiden Sie zunächst den Außenkreis und dann den Innenkreis aus.

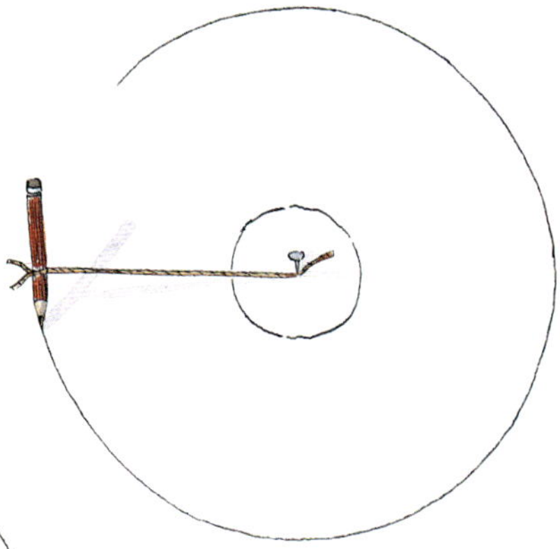

2 Schablone am Leinenstoff anstecken und den Stoff ausschneiden. Dann eine gerade Linie zwischen Außen- und Innenkreis schneiden.

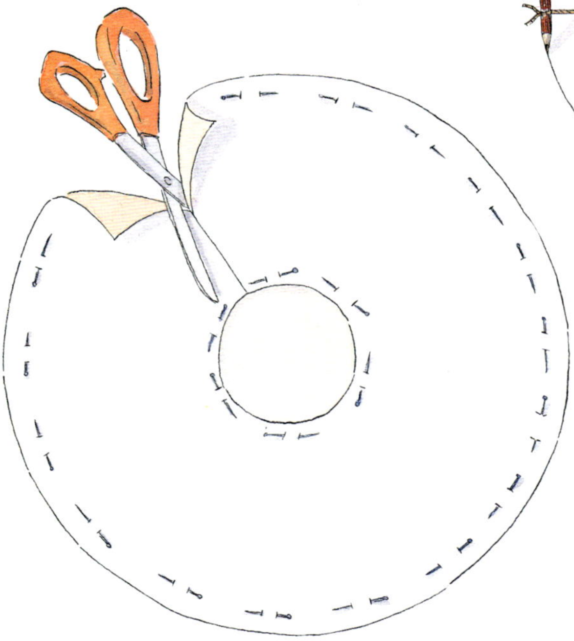

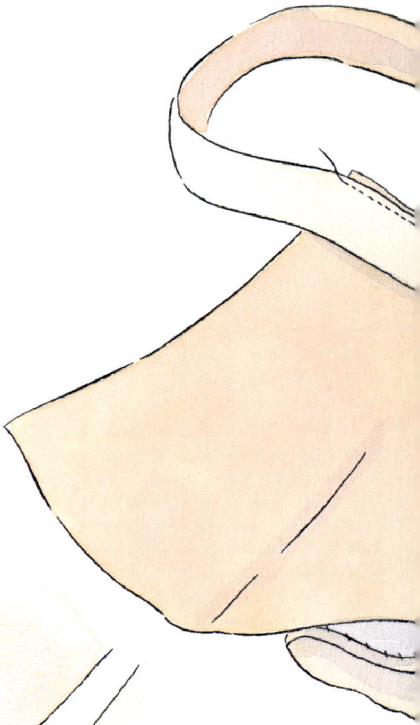

3 Am äußeren Umfang linksseitig einen zweifachen Saum von 1/2 cm umschlagen und mit Überwendlichstichen annähen (siehe Techniken, S. 102).

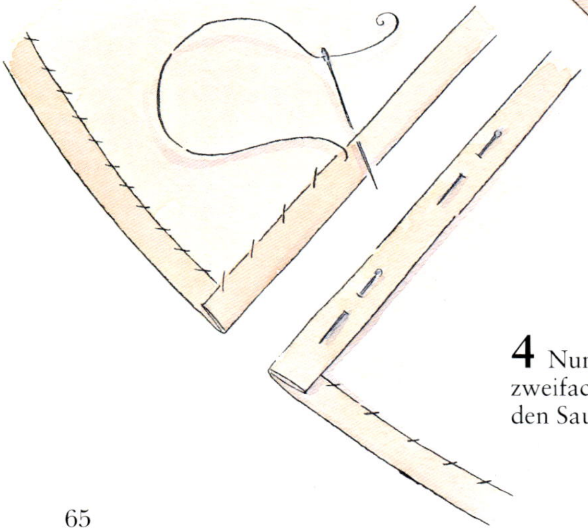

4 Nun entlang der Querkanten ebenfalls einen zweifachen Saum von 1/2 cm in einem 90°-Winkel zu den Saumkanten falten, nähen und bügeln.

Gekräuselter Gingham

Für Lampenschirme wie dieses Miniaturquadrat eignen sich klein gemusterte Stoffe wie Gingham. Zum Blickfang wird dieser Schirm durch die enge Fältelung und passende Blumenborte als Randbesatz für Ober- und Unterkante.

Material & Werkzeug

Quadratischer Rahmen mit vier Seitenstreben und Sockelhalterung: oberes Quadrat 9 cm, unteres Quadrat 13 cm, Höhe 10 cm

50 cm blauweißer Gingham, 115 cm breit

50 cm weißes Seidenfutter für Lampenschirme, 115 cm breit

1 cm breites, weißes Wickelband

1 m Borte

Stoffkleber

Grundausstattung (siehe S. 98)

5 Für die Unterfütterung des Lampenschirms ein 52 × 14 cm großes Stück Futterstoff zuschneiden und in vier gleich große Abschnitte unterteilen, bei einer Nahtzugabe von 1 cm an den Querkanten. Kräuseln Sie den Stoff wie in Schritt 2 durch eine zweifache Reihnaht entlang der Oberkante. Dann legen Sie die vier Einschnitte an die Streben an und stecken das Futter innen am Ober- und Unterrahmen fest. Dabei den Stoff an der Oberkante für die Sockelhalterung entsprechend einschlitzen und nach oben ziehen.

6 Kanten 1/2 cm falten, anstecken und mit flachem Saumstich annähen. Seitennähte wie Ginghamstoff versäubern.

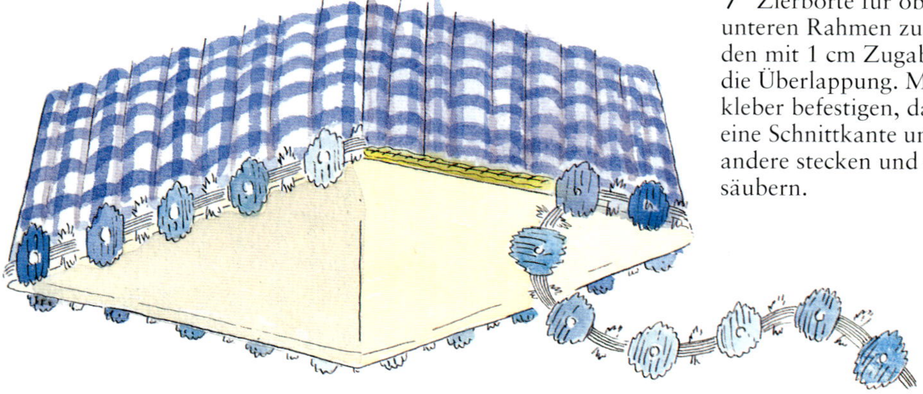

7 Zierborte für oberen und unteren Rahmen zuschneiden mit 1 cm Zugabe für die Überlappung. Mit Stoffkleber befestigen, dabei eine Schnittkante unter die andere stecken und versäubern.

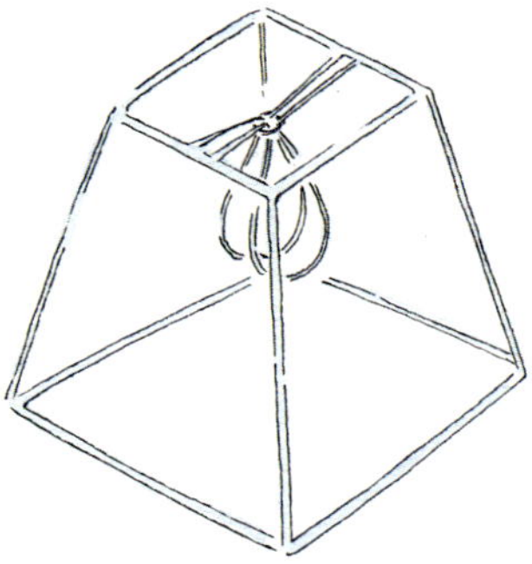

1 Umwickeln Sie das obere und untere Rahmenquadrat sowie die Seitenverstrebungen (siehe Techniken, S. 101).

2 Ein 1 m × 13 cm großes Stück Stoff zuschneiden und in vier gleich große Abschnitte durch max. 5 mm tiefe Einschnitte an Ober- und Unterkante unterteilen. Nähen Sie jeweils eine zweifache Reihnaht entlang der Kanten und kräuseln Sie den Stoff. Die Länge der gefältelten Oberkante sollte 35 cm, die der Unterkante 50 cm betragen.

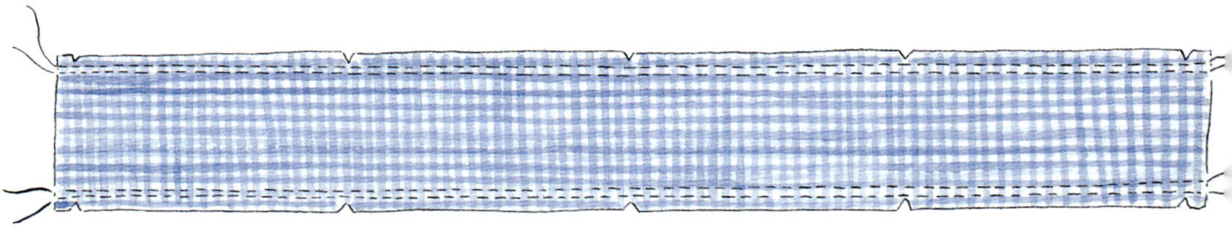

3 Dann den Stoff mit den Einschnitten jeweils unten und oben an die vier Kanten anlegen und an den Ecken beginnend und über die Seiten fortfahrend festhalten. Am Schnittpunkt eine Querkante um 1/2 cm umschlagen, 1/2 cm über die gegenüberliegende Kante ziehen und anstecken.

4 Stoff mit überwendlichem Stich an die Umwicklung annähen und Kanten versäubern (siehe Techniken, S. 102).

Kerzenschirme für Kronleuchter

Sechs winzige Kegel mit hübschem Bogenrand, aus beschichtetem gelben Ginghamstoff gefertigt; die kleinen Karos lassen genügend Licht durch den Schirm strahlen. Anhand einer Schablone sind die Schirmchen einfach und schnell herzustellen und sitzen an allen Armleuchten flach auf der Sockelhalterung.

Material & Werkzeug

5 cm Durchmesser Klemmhalterung: oberer Durchmesser 5 cm, unterer Durchmesser 13 cm, Höhe 10 cm

17 × 35 cm gelbe Gingham-Baumwolle für die Schirmchen

17 × 35 cm selbstklebende Schirmfolie

Wäscheklammern

Grundausstattung (siehe S. 98)

3 Schutzseite abziehen und Folie linksseitig auf den Baumwollstoff drücken. Luftblasen oder Falten von innen nach außen glattstreichen und fest andrücken.

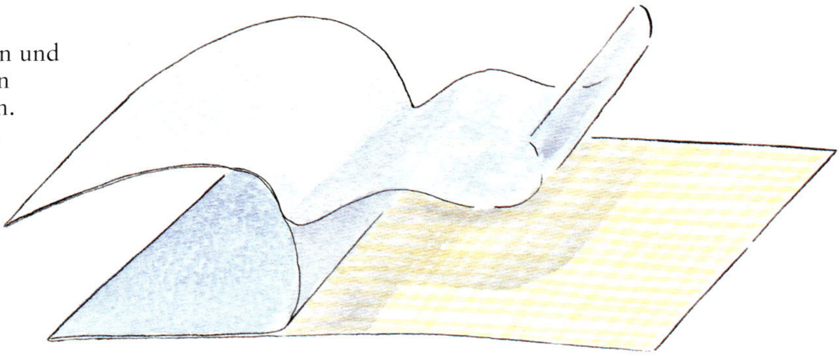

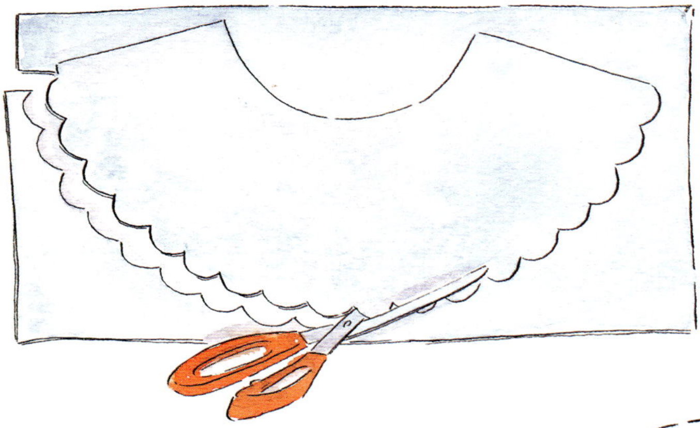

4 Anhand der in Schritt 1 gefertigten Schablone mit einem Stift den Bogenrand auf Klebefolie anzeichnen und dann ausschneiden.

5 Stoffkleber entlang der Innenkante auftragen und diese auf die überlappende Seite andrücken. Nehmen Sie zwei Wäscheklammern, um die Kanten zu fixieren, bis der Klebstoff vollkommen angetrocknet ist.

6 Danach die Wäscheklammern abnehmen und den Schirm über eine der Klemmen des Kronleuchters streifen.

7 Wiederholen Sie diese Arbeitsschritte für die anderen Schirme. Sie sind in der Fertigung so einfach, daß Sie mehrere Sets in verschiedenen Farben herstellen und dadurch die Atmosphäre eines Raumes verändern oder aber vollkommen neu gestalten können.

1 Benutzen Sie vorliegende Zeichnung für die Schablone; sie entspricht den Originalmaßen. Schneiden Sie die beiden Muster in einem Stück aus und fügen Sie die gestrichelten Seiten mit einer einseitigen Zugabe von 1/2 cm an den Außenseiten zusammen. Die Unterkante sollte 18 Bogen haben. Schneiden Sie das Papiermuster aus. Verringern bzw. vergrößern Sie die Vorlage entsprechend der Maße für andere Kerzenhalterungen.

2 Bereiten Sie nun die Ihrem Leuchter entsprechende Anzahl gelber Ginghamstücke in der Größe 17 × 35 cm vor. Wiederholen Sie diesen Schritt für die Selbstklebefolie.

Zweistufige Hängelampe

Diese ausgefallene Deckenlampe eignet sich hervorragend, um einen Küchen- oder Eßtisch ins richtige Licht zu setzen. Es handelt sich um ein schwedisches Design: ein kegelförmiger Rahmen mit ausgestelltem Ring, überzogen mit einem hübsch bedruckten Baumwollstoff. Dazu eine breite, leicht gekräuselte Rüsche, die lose herabhängt und den Eindruck einer zweistufigen Lampe vermittelt.

Material & Werkzeug

Rahmen mit sechs Seitenstreben und Sockelaufhängung aus Messing: oberer Durchmesser 8 cm, unterer Durchmesser 35 cm; Höhe 23 cm; vier 8 cm lange Streben stoßen auf 43 cm Durchmesser des Außenrings

75 cm Futterstoff, 115 cm breit

1,25 m rotweißer Baumwolldruck, 150 cm breit

Grundausstattung (siehe S. 98)

7 Für die Versäuberung des unteren Ringes (der obere wird mit einem Messingring abgeschlossen) 4 cm × 1,08 m Baumwollstoff zuschneiden. Beide Querkanten 1/2 cm nach innen klappen und umbügeln. Anstecken und mit Schlupfstich (siehe Techniken, S. 102) an die untere und obere Umwicklung nähen, dabei Enden nach innen ziehen und Schnittkanten verdecken. Machen Sie für die Querstreben kleine Schlitze in den Stoff.

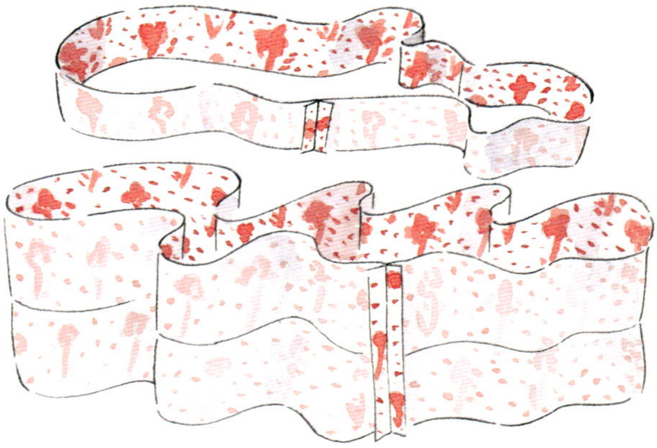

8 Für die äußere Rüsche ein 35 cm × 1,95 m großes Stück Stoff und einen 5 cm breiten Streifen vom Umfang des Außenringes plus 2 cm Nahtzugabe zuschneiden. Stücke und Muster beliebig zusammenfügen. Querkanten jeweils rechtsseitig mit der Maschine und 1 cm Nahtzugabe zusammennähen.

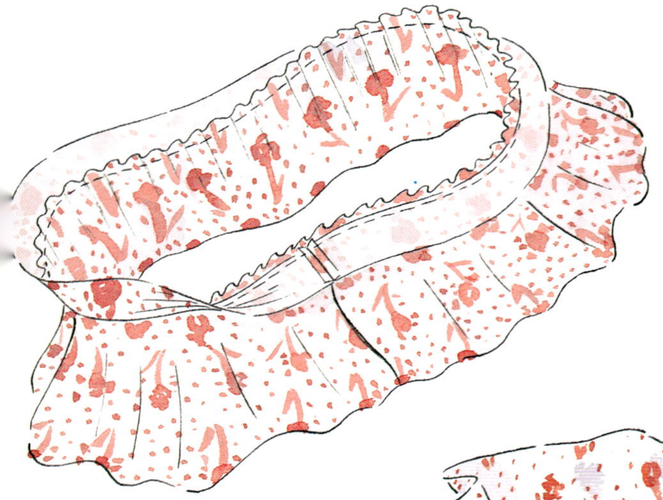

9 Die Schnittkanten des größeren Stoffstückes linksseitig zueinanderfalten und zwei enge Reihnähte 1 cm unterhalb der oberen Kante nähen. Dann den Stoff gleichmäßig um den Außenring kräuseln. 1 cm Nahtzugabe berechnen, Stoff an das Streifenstück stecken und mit der Maschine rechtsseitig an die Schnittkante nähen.

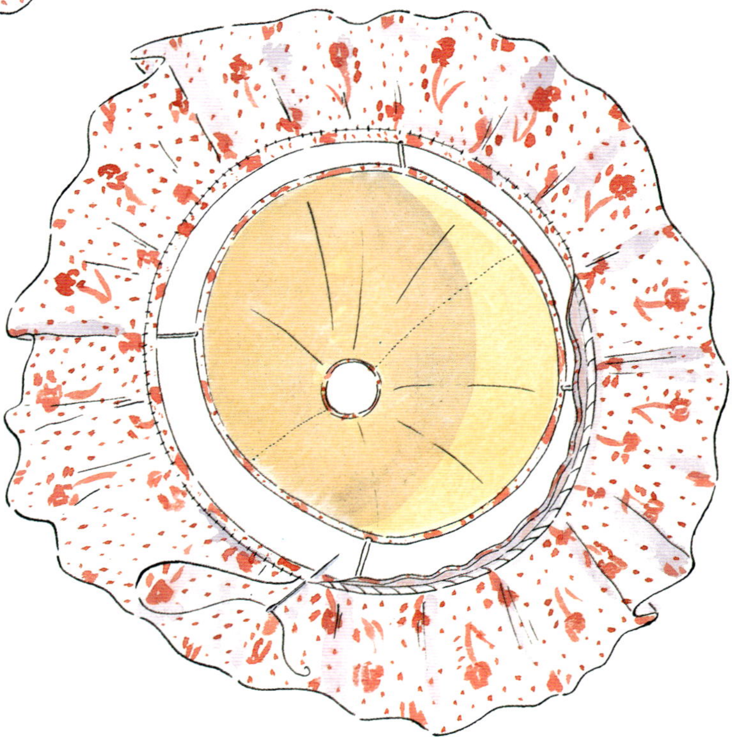

10 Die Rüsche am Außenring anlegen und die linke Seite des Streifens über den Rahmen ziehen. Schnittkanten verdecken, kleine Schlitze für die Querstreben machen, anstecken und mit Schlupfstich auf der Unterseite des abgebundenen Rahmens annähen.

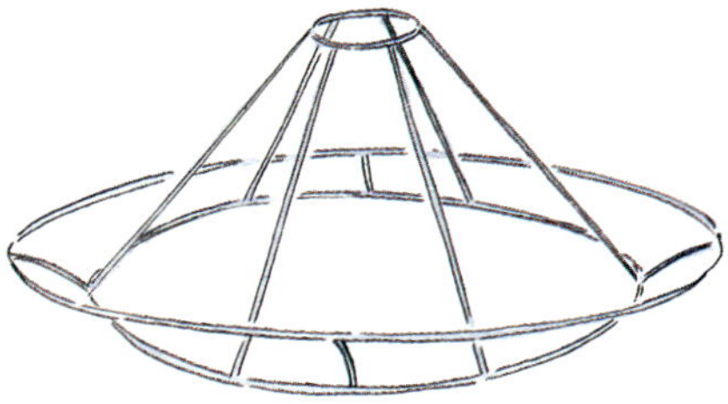

1 Binden Sie den oberen sowie den unteren Innen- und Außenring mit Wickelband ab (siehe Techniken, S. 101)

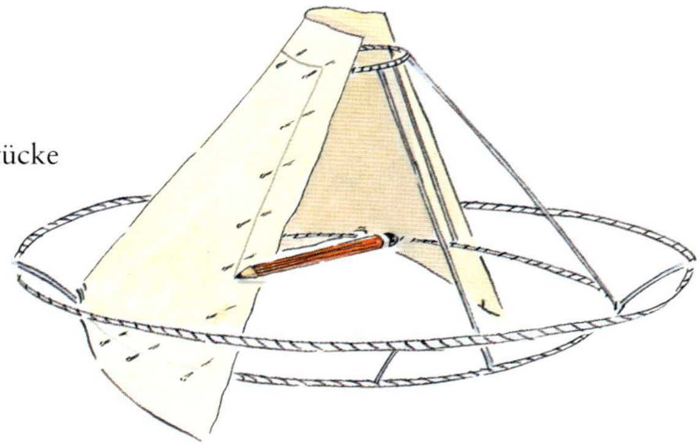

2 Schneiden Sie zwei 28 × 58 cm große Stücke Futterstoff zu. Eine Stoffhälfte am unteren und oberen Rahmen straff feststecken. Vor der Abnahme mit einem Stift den Umriß für die Saumnähte entlang der Nadeln anzeichnen.

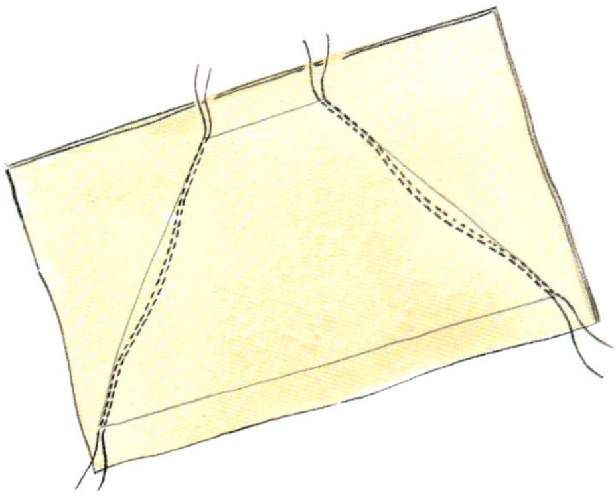

3 Das zweite Futterstück rechts auf rechts an das markierte Stück stecken. Mit Heftfaden seitlich entlang der Markierung nähen und je 5 mm Breite an der »Taille« für eine bessere Paßform abnehmen. Beide leicht gewölbten Ränder mit der Maschine und einer Doppelnaht entlang des Heftfadens nähen und restlichen Stoff abschneiden

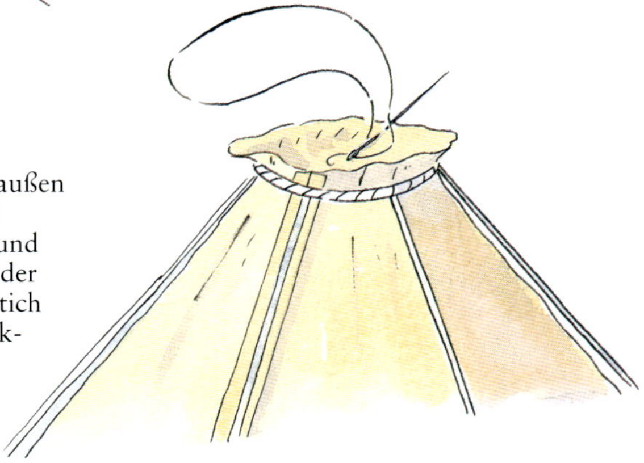

4 Umfütterung mit Nahtzugabe nach außen wenden, Säume an Streben anlegen und durch den Rahmen ziehen. Am oberen und unteren Rahmenring anstecken, so daß der Stoff straff sitzt. Mit überwendlichem Stich (siehe Techniken, S. 102) an die Umwicklung nähen und versäubern.

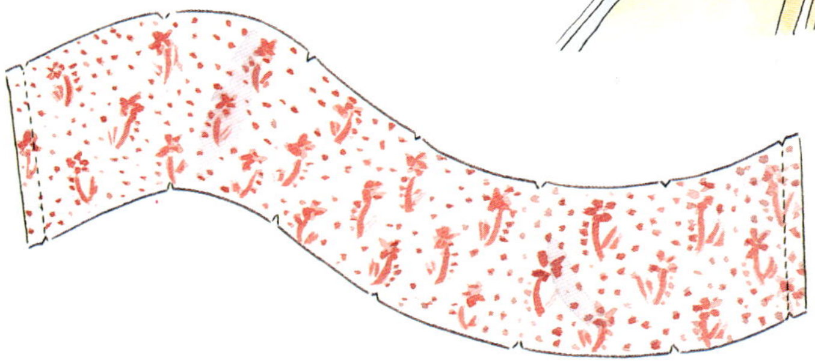

5 Schneiden Sie nun ein 1,50 m × 28 cm großes Stück des Baumwolldrucks dem Muster entsprechend zu. In sechs gleich große Abschnitte mittels Einschnitte an der Ober- und Unterkante einteilen und 1 cm Nahtzugabe an den Querkanten hinzufügen.

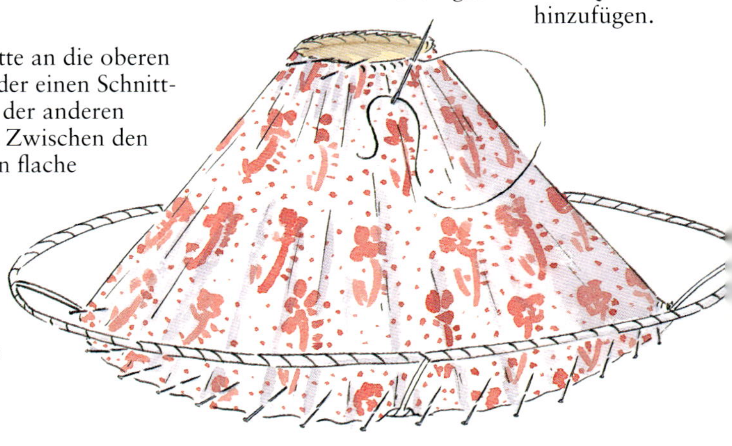

6 Stecken Sie die Einschnitte an die oberen und unteren Streben; 1 cm der einen Schnittkante zur Überlappung mit der anderen umschlagen und abstecken. Zwischen den Streben den Stoff so lange in flache Messerfalten legen und abstecken, bis er straff am Ring sitzt. Ziehen Sie die Falten am unteren Ring etwas auseinander. Nähen Sie Ober- und Unterkante an die beiden Rahmenringe und schneiden Sie den restlichen Stoff ab.

Gestreifter Wandschild

Diese winzige Halbform wurde entworfen, um die Glühbirnen einer Wandlampe abzuschirmen. Die ungewöhnliche Form eignet sich hervorragend für kunstvoll gearbeitete Wandleuchten. Der gestreifte Seidentaft ist eng um den Rahmen gezogen und am Rand mit Schrägband aus demselben Stoff besetzt. Der ganze Schirm ist handgenäht.

Material & Werkzeug

Halbzylindrischer Rahmen mit Sockelklemme: Breite 16 cm, max. Höhe 13 cm, seitliche Höhe 11 cm

75 cm gestreifter Seidentaft, 115 cm breit

25 cm Futterstoff, 115 cm breit

Grundausstattung (siehe S. 98)

6 Um die Sockelhalterungen zu versäubern, zwei 5 × 2½ cm große Streifen aus dem Futterstoff zuschneiden. Die Längskanten mittig falten und umbügeln. Beide Streben damit umwickeln, anstecken und mit der Hand an den Rahmen nähen. Überstehenden Stoff abschneiden.

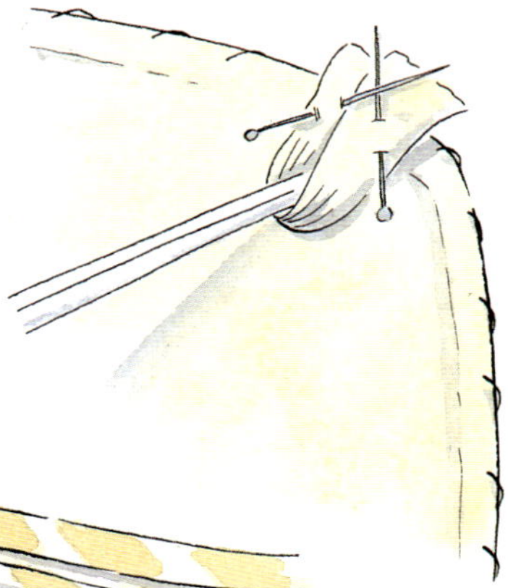

7 Aus dem Seidentaft einen 55 × 2½ cm großen Schrägstreifen (siehe Techniken, S. 103) mit diagonal verlaufenden Streifen zuschneiden. Längskanten ½ cm nach innen umschlagen und flach anbügeln.

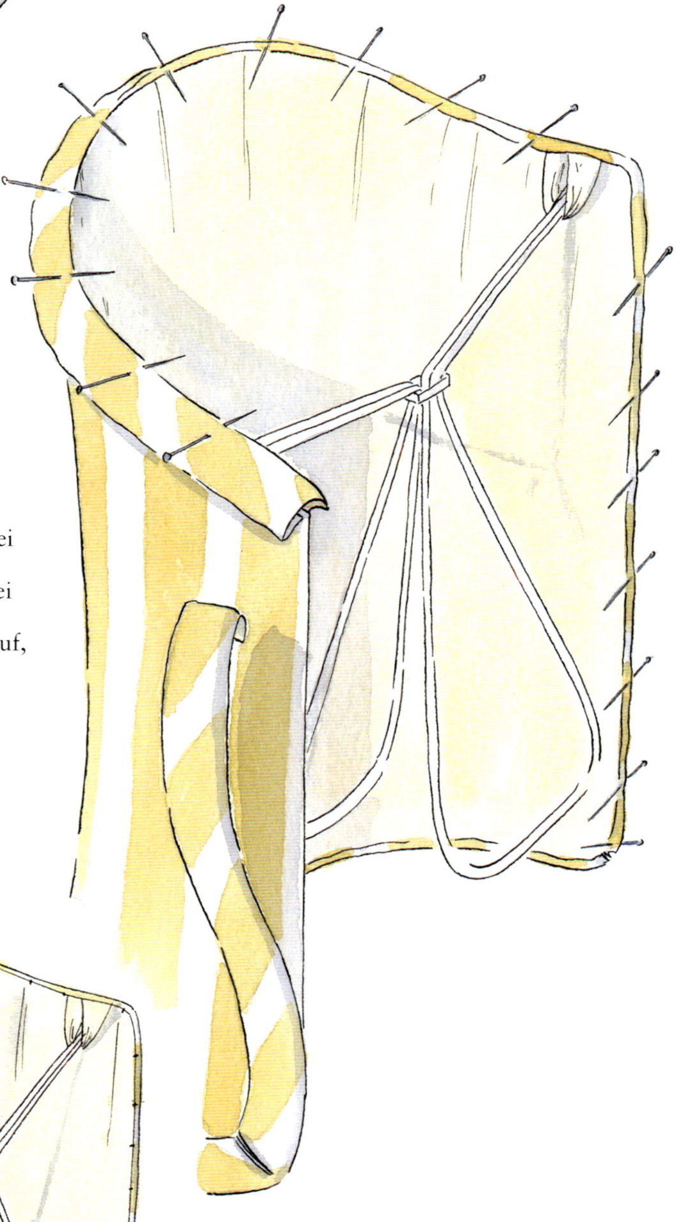

8 Schrägstreifen mit Oberkante am oberen Rahmen anstecken; Schnittkanten dabei überdecken. Beginnen und enden Sie an einer Ecke, wobei Sie eine Schnittkante über die andere legen. Achten Sie darauf, daß an den Ecken kein Stoffwulst entsteht.

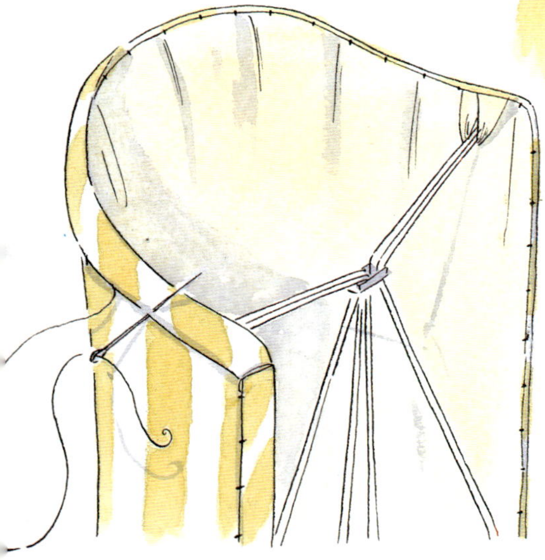

9 Mit Schlupfstich (siehe Techniken, S. 102) fast unsichtbar entlang der Innen- und Außenkante nähen.

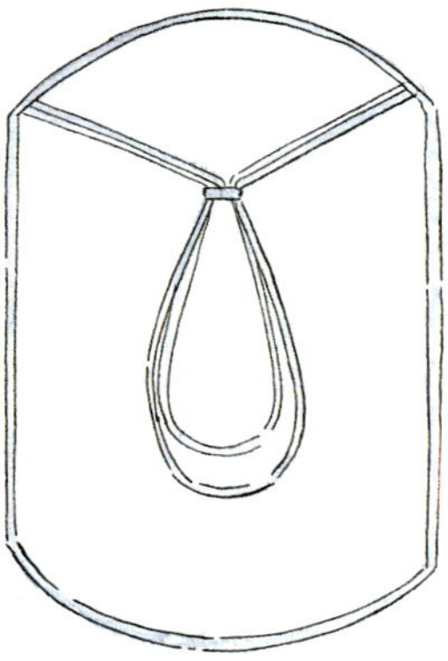

1 Umwickeln Sie zunächst den gesamten Rahmen mit Wickelband (siehe Techniken, S. 101).

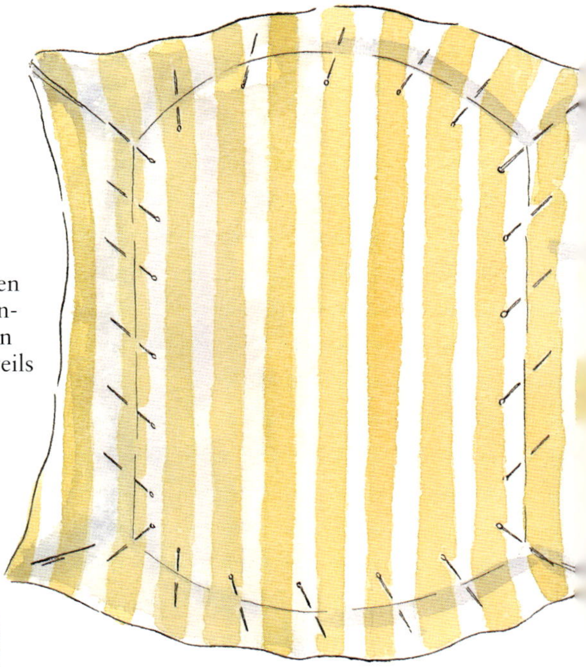

2 Schneiden Sie ein Stück Seidentaft in den Maßen 18 × 20 cm mit senkrecht verlaufenden Streifen zu. Das Stoffstück am Rahmen feststecken, indem Sie oben und unten jeweils mittig an der Seite beginnen und dann an den Ecken und gegenüberliegenden Seiten den Stoff straffziehen und befestigen.

3 Den Stoff mit Überwendlichstich (siehe Techniken, S. 102) an die Umwicklung des Rahmens nähen und Reste abschneiden.

4 Dann schneiden Sie ein 20 × 18 cm großes Stück Futterstoff aus und stecken es wie zuvor an die Rückseite des Rahmens über die Kanten des Taftes hinaus an. Dabei kleine Einschnitte für die Sockelhalterung machen.

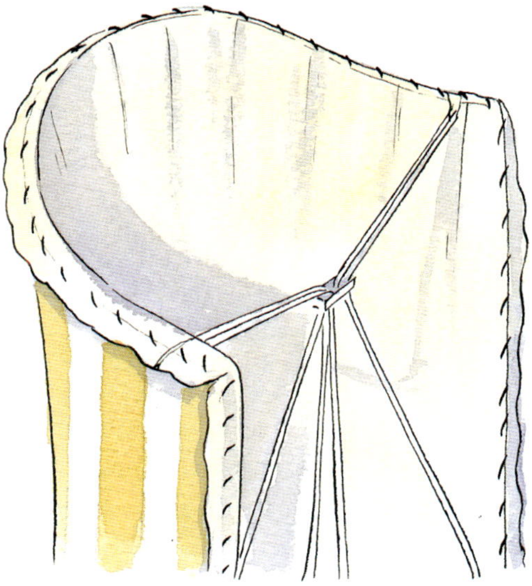

5 Wenn alle Nadeln und der Stoff straff sitzen, dann Futter innen mit Saumstich an die Rahmenwicklung nähen. Restlichen Stoff abschneiden.

Stehlampen

sind seit jeher mehr im Rampenlicht als ihre Gegenspieler der Wand-, Tisch-, Bord- oder Simsbeleuchtung. Da sie freistehend und relativ groß sind, ob es sich nun um die klassische Standardlampe oder eine niedrigere Leselampe mit Schwanenhals handelt, benötigen sie einen Schirm, der in Größe und Form dem Standplatz gerecht wird.

Oben von links nach rechts: Ein wuchtiger Empireschirm paßt gut auf einen massiven Ständer, während ein kleinerer Schirm auf diesem Sockel verloren aussähe. Ein moderner Metallständer trägt einen eher klassischen Empireschirm mit Kellerfalten aus gestreifter Baumwolle – die großen Öffnungen erlauben eine intensive Lichtabstrahlung. Ein länglicher und schmaler Schirm bietet sich als Stehlampe auf begrenztem Raum an; hier ist der Kegel mit Knitterseide überzogen und sitzt auf einem einfachen Metallstab. Der cremefarbene Seidenschirm erhält seine Eleganz durch die konkave Quadratform.

Rechts von links nach rechts: Zweifarbig gestreifter Seidenstoff, schräg zugeschnitten und auf Schirmkegel aufgezogen. Ein glockenförmiger Schirm aus dünnem, weißem Stoff ziert einen dreibeinigen Lampenständer des Designers Philip Starck. Ein blaßblauer *Toile de Jouy*-Stoff in Messerfalten und mit Rüschenbesatz ziert den Schirm eines klassischen Ständers mit Schwingarm. Ein aus massivem Holz gedrechselter Ständer benötigt eine große Schirmform, wie dieser achteckige hellkarierte Schirm. Schmal und elegant steht diese Lampe mit Kegelschirm auf einem modernen dreifüßigen Sockel.

Streifen rund um die Trommel

Die Trommel ist eine klassische Form für Standardlampen, deren weite Öffnungen viel Licht abstrahlen. Der hier abgebildete Schirm ist ein einfacher, folienverstärkter Zylinder mit Streifen. Die glatte Oberfläche mit den formalen Streifen wird durch eine fertige, zweireihige Bommelborte aufgelockert.

Material & Werkzeug

Unterer Ringdurchmesser 40 cm, oberer Durchmesser von Ring mit Sockelhalterung 40 cm

50 cm gestreifte Baumwolle, 115 cm breit

1 cm breites Wickelband

1,40 m einreihige Bommelborte

1,40 m zweireihige Bommelborte

1,50 m Selbstklebefolie, 115 cm breit

Stoffkleber

Wäscheklammern

6 Schließen Sie den Schirm, indem Sie eine Querkante mit Klebstoff bestreichen und mit der anderen überlappend verkleben.

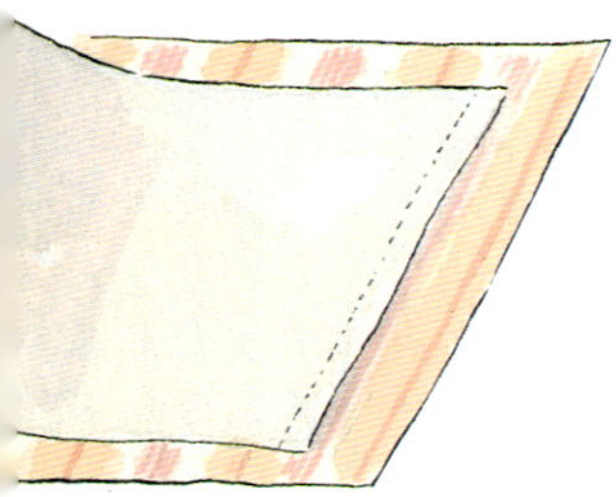

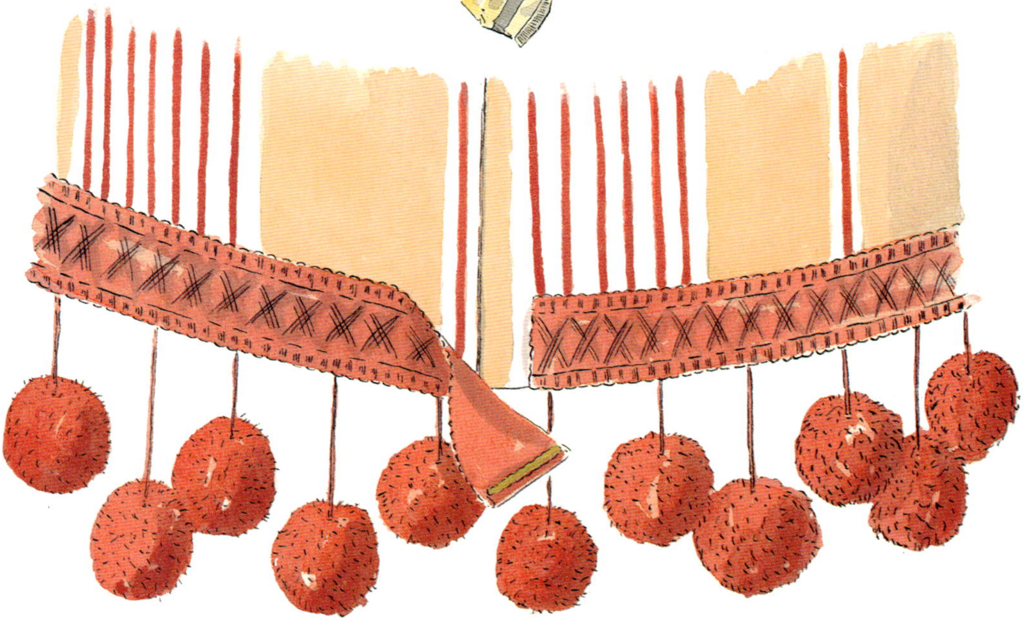

7 Für den Randabschluß verwenden Sie die beiden Bommelborten. Geben Sie Stoffkleber auf die Rückseite des Besatzes und die obere und untere Außenseite des Schirms. An der Naht beginnend kleben Sie die einreihige Bommelborte an den oberen Ring und die zweireihige an den unteren Ring. Schlagen Sie jeweils eine Kante über die andere und verkleben Sie sie sauber.

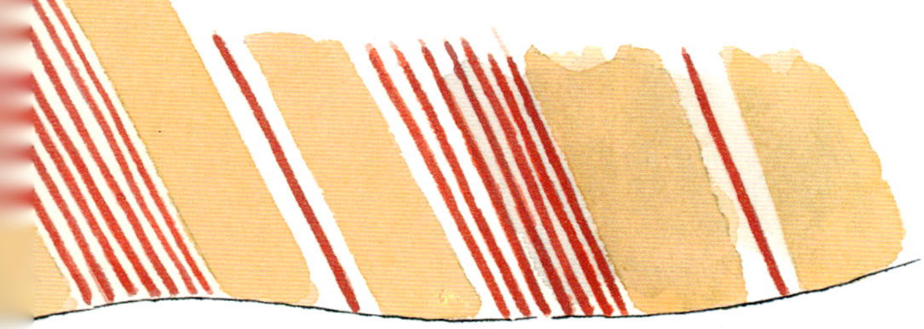

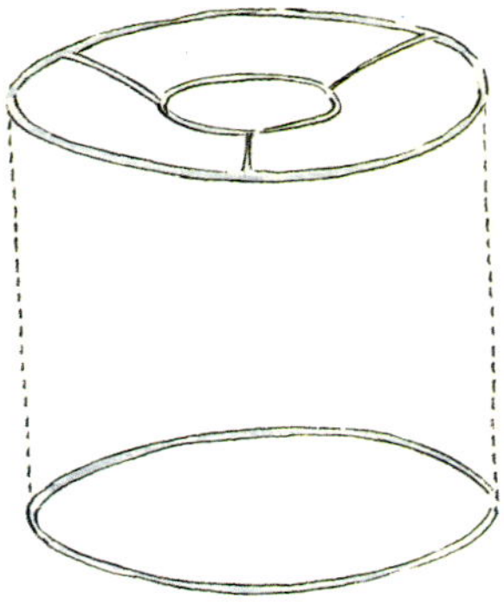

1 Beginnen Sie mit der Umwicklung beider Rahmenringe (siehe Techniken, S. 101).

2 Zeichnen Sie ein Rechteck mit den Maßen 1,27 m × 40 cm auf die Klebefolie mit 1 cm Nahtzugabe auf einer Seite. Diese Form sorgfältig ausschneiden.

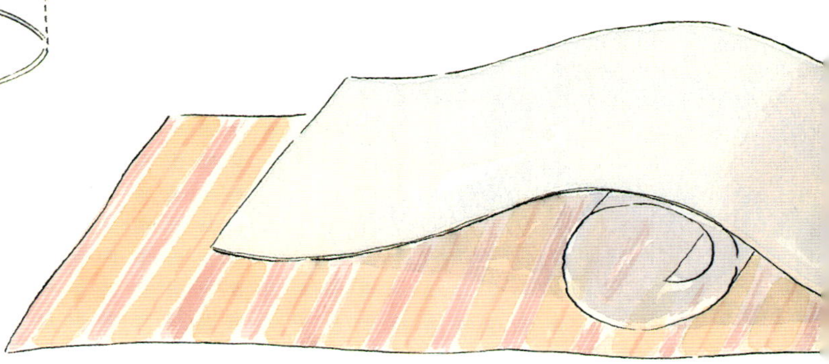

3 Die Klebefolie linksseitig auf den Baumwollstoff legen, die Schutzfolie langsam abziehen und die Oberflächen glattstreichen.

4 Den Stoff mit 1/2 cm Zugabe an einer der Querkanten ausschneiden. Diesen halben Zentimeter nach hinten klappen und an die Folie kleben.

5 Den beschichteten Stoff oben und unten mit Wäscheklammern an den Ringen befestigen und dabei die Paßform überprüfen. Wäscheklammern zur Hälfte wieder entfernen und eine dünne Schicht Klebstoff an die Innenseite des Stoffes und die Außenseite der Ringe auftragen. Stoff wieder mit Wäscheklammern an den oberen und unteren Ringen befestigen, andrücken und kleben. Die andere Hälfte ebenso fertigen.

Ledergeschnürter Rauchfang

Fröhlich blaues Leinen wird mit Folie verstärkt, zugeschnitten und zu einem schmalen Kegel beziehungsweise in Form eines Rauchfangs gerollt. Dank der Beschichtung kann der Stoff gestanzt werden, so daß ein schwarzer Lederriemen als ungewöhnliche Naht und Verzierung den Rand abschließt.

Material & Werkzeug

Durchmesser Metallring 10 cm,
Durchmesser unterer Ring mit Sockelhalterung 25 cm

1 m blaues Leinen, 115 cm breit

1 cm breites Wickelband

3 m Lederband

75 cm dünnes Millimeterpapier

1 m Selbstklebefolie, 115 cm breit

Allzweckklebstoff und Wäscheklammern

Sechszackige Lochzange

7 Stanzen Sie nun mit der sechszackigen Lochzange die Stoffmarkierungen aus.

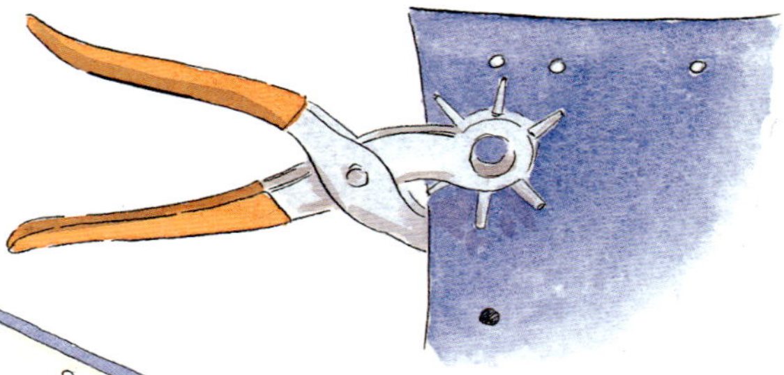

8 Untere und obere Innenkante und Ringaußenkanten mit Klebstoff bestreichen. Rollen Sie den Schirm entlang der Ringe auf und befestigen Sie ihn mit Wäscheklammern, bis der Klebstoff trocken ist. Danach nehmen Sie die Wäscheklammern ab.

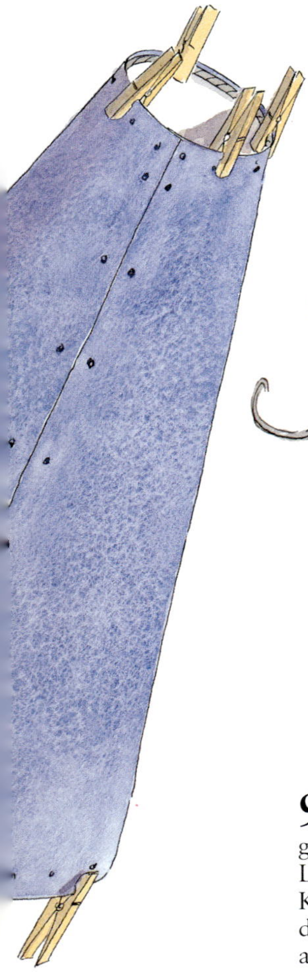

9 Beginnen Sie am oberen Ring damit, den Lederriemen durch die gestanzten Löcher zu fädeln. Lassen Sie an den Enden jeweils 25 cm Lederband hängen. Ziehen Sie die Riemen nach unten und über Kreuz wieder nach oben. Binden Sie die Enden zu einer Schleife; dann Ober- und Unterkante mit dem Band verschnüren und Enden abschließend verknoten.

1 Umwickeln Sie zunächst beide Ringe sowie die Querstreben (siehe Techniken, S. 101).

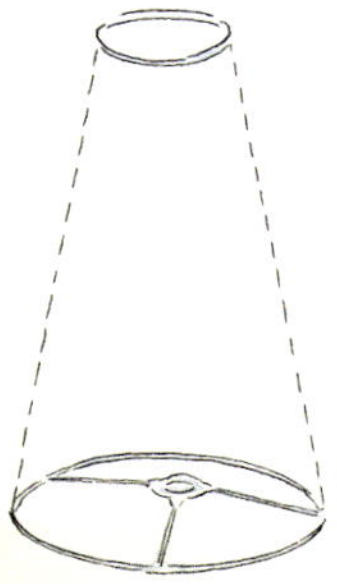

2 Nehmen Sie das Millimeterpapier zur Hand und zeichnen Sie rechts unten eine 25 cm lange Waagrechte (A) ein, die dem Durchmesser des unteren Ringes entspricht. In der Mitte der Waagrechten ziehen Sie eine 35 cm lange Senkrechte (B) nach oben, welche der Höhe des Schirms entspricht. Tragen Sie eine zweite horizontale Linie (C) von 10 cm Länge bzw. dem Durchmesser des oberen Ringes entsprechend ein. Zeichnen Sie die Schirmseiten ein, indem Sie die Linien bis zu ihrem Schnittpunkt fortführen.

Für den Umriß des Musters stecken Sie eine Schnur in die Spitze des Dreiecks; an das andere Ende binden Sie einen Stift, mit dem Sie zwei Bogen ziehen. Beginnen Sie mit dem ersten rechts unten im Eck und mit dem zweiten rechts oben im Eck; zeichnen Sie diese Halbkreise mit 1 cm Nahtzugabe in der Länge der Ringdurchmesser.

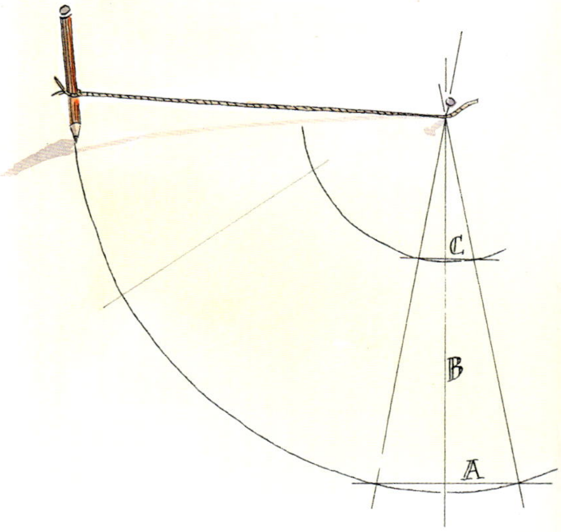

3 Das Muster ausschneiden und auf die Folie legen. Den Umriß anzeichnen und in einem Stück ausschneiden.

4 Die Folie quer zum Faserlauf linksseitig auf den Stoff legen; Schutzfolie abziehen und andrücken.

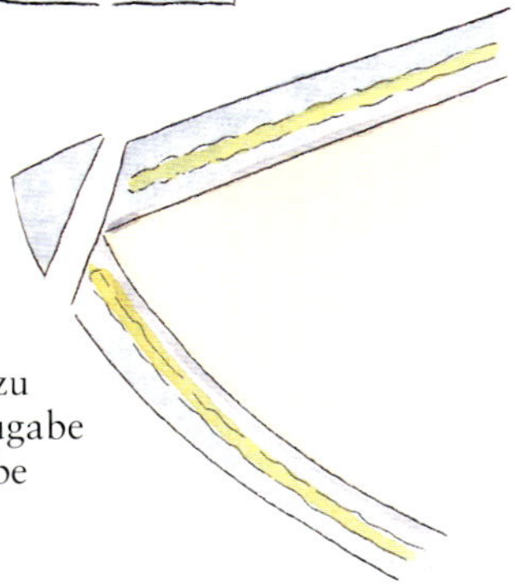

5 Den Stoff mit einer 1 cm langen Nahtzugabe entlang der Folienverstärkung ausschneiden, wobei Sie jeweils an den Ecken ein Dreieck des Stoffes kappen, um wulstige Kanten zu vermeiden. Tragen Sie entlang der Zugabe linksseitig Stoffkleber auf; Nahtzugabe umschlagen und an die Folie kleben.

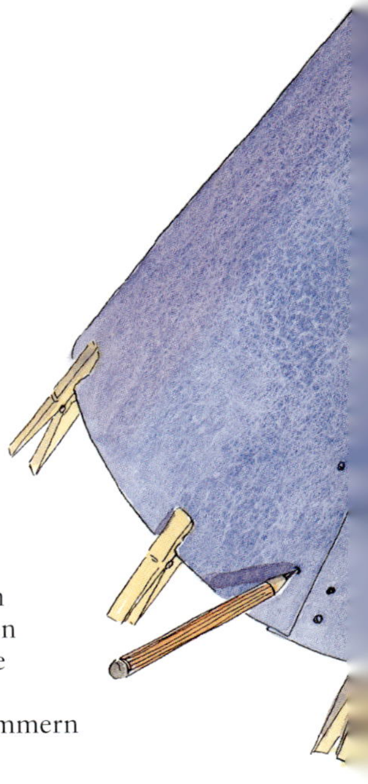

6 Überprüfen Sie die Paßform des Schirms, indem Sie ihn mit Wäscheklammern an den Rahmen befestigen. Zeichnen Sie die zu stanzenden Löcher an der Ober- und Unterkante und entlang der Querkante an. Sie sollten oben und unten jeweils 2 1/2 cm voneinander entfernt sein. Die Wäscheklammern abnehmen.

Faltenkegel mit Kragen

Der hier beschriebene Rahmen hebt sich durch seinen eleganten Kragen ab, der den oberen Rand schmückt. Ein attraktives Design für einen Lampenschirm aus formalen Falten, die durch ein Schrägband am Kragen dekorativ zusammengefaßt sind und durch die oliv-cremeweiße Farbkombination betont werden.

Material & Werkzeug

Rahmen mit sechs Streben und oberer Sockelhalterung: oberer Durchmesser 15 cm, unterer Durchmesser 25 cm, 20 cm Höhe inkl. 3 cm Kragen

1 m eng gestreifter Seidentaft, 115 cm breit

25 cm Futterstoff, 115 cm breit

1 cm breites Wickelband

Stoffkleber

Grundausstattung (siehe S. 98)

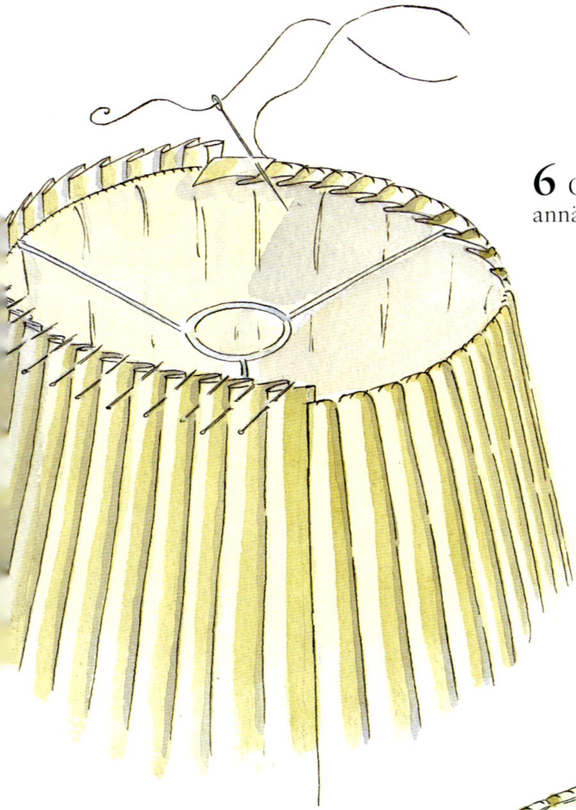

6 Obere und untere Falten mit Saumstich annähen und versäubern.

7 Einen 52 × 4 cm großen Schrägstreifen aus Taft zuschneiden. Die Enden rechtsseitig aufeinanderlegen (Streifenmuster beachten!) und mit der Maschine mit Schrägsaum und 1 cm Nahtzugabe zusammennähen.

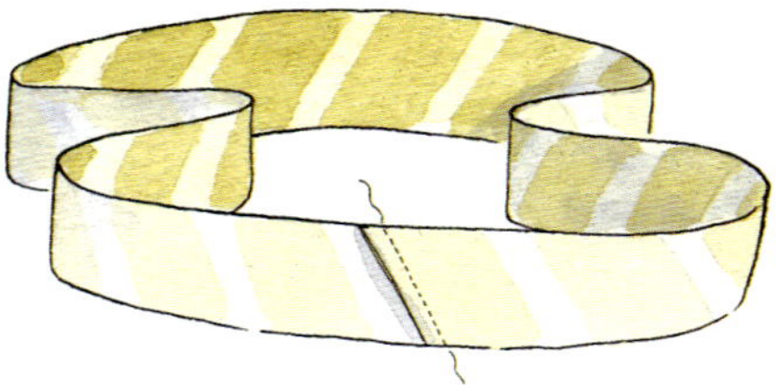

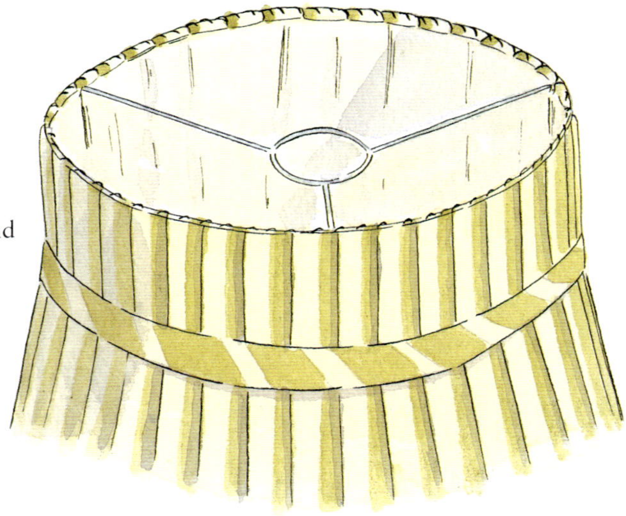

8 Beide Längskanten 1 cm nach innen falten und umbügeln. Das Band von oben über den Schirm streifen und Unterseite mit ein paar Tropfen Klebstoff am Kragen befestigen.

9 Für den oberen Rahmenabschluß einen 52 × 4 cm großen Schrägstreifen aus Taft zuschneiden, den Sie wie oben zusammenfügen. Eine Längskante 1 cm nach innen falten und umbügeln. Schrägstreifen rechtsseitig gegen das Innenfutter mit der Schnittkante entlang dem oberen Ring anlegen. Anstecken und mit Saumstich rundherum festnähen.

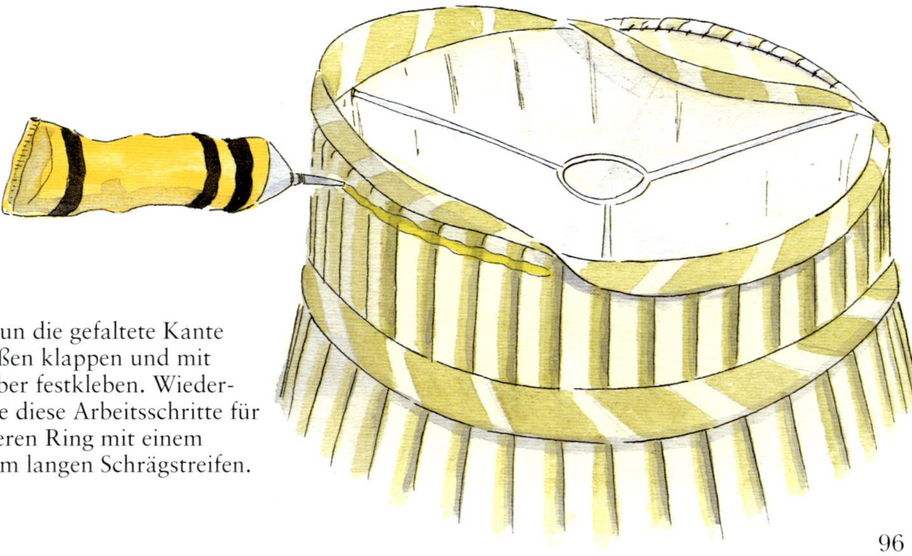

10 Nun die gefaltete Kante nach außen klappen und mit Stoffkleber festkleben. Wiederholen Sie diese Arbeitsschritte für den unteren Ring mit einem 82 × 4 cm langen Schrägstreifen.

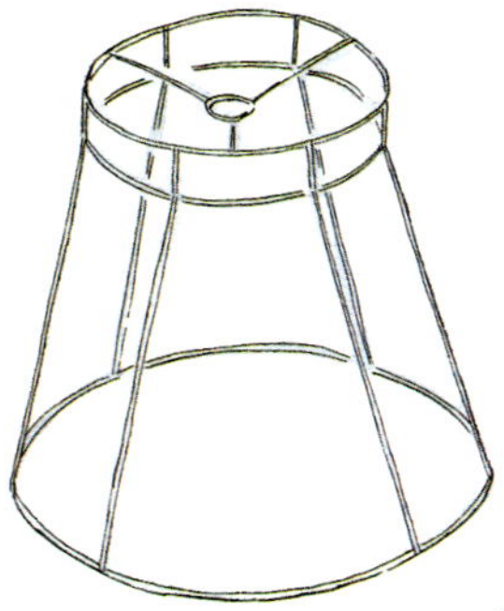

1 Umwickeln Sie Ober- und Unterring des Rahmens (siehe Techniken, S. 101).

2 Für die Umfütterung ein 82 × 23 cm großes Stück Futterstoff zuschneiden. Nähen Sie an der Oberkante zwei eng aneinanderliegende Reihnähte und kräuseln Sie den Stoff so daß der Umfang dem des oberen Ringes entspricht, plus beidseitiger Nahtzugabe von 1 cm.

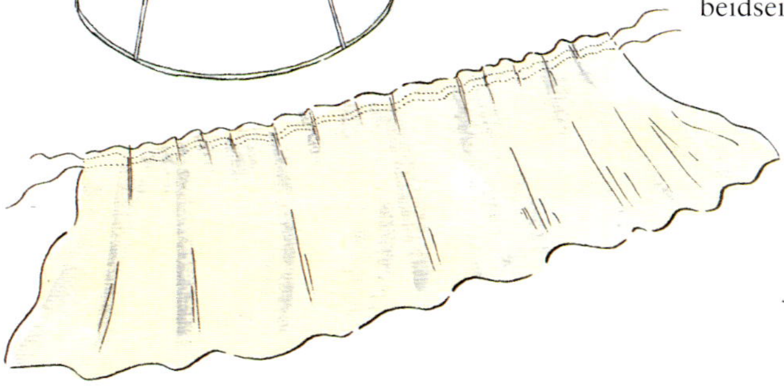

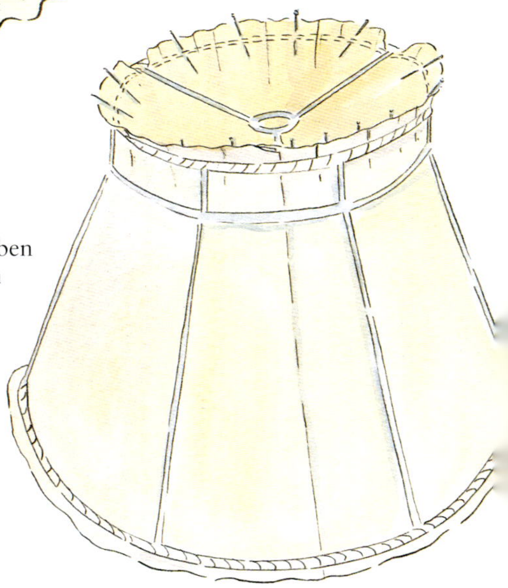

3 Das Futter flach an den oberen Ring stecken und dabei drei kleine Einschnitte für die Querstreben machen. Dann klappen Sie eine Schnittkante 1 cm über die andere und stecken den Stoff am unteren Ring ab. Oben und unten mit überwendlichem Stich (siehe Techniken, S. 102) annähen und restlichen Stoff abschneiden.

4 Bereiten Sie zwei gestreifte Taftstücke in den Maßen 23 cm × 1,15 m vor. Beide Stücke müssen so gefaltet werden, daß sie die Länge des halben Schirmumfangs erhalten plus jeweils 1 cm Zugabe an den beiden Querkanten. Beginnen Sie mit den Falten oben, wo sie üppiger sind, und orientieren Sie sich an den Streifenkanten. Sie sollten alle gleich breit abgesteckt werden.

5 Eines der beiden bereits gefalteten Stücke zur Hälfte an den Rahmen legen und Falte für Falte an die Umwicklung stecken. Für die Fältelung am unteren Ring den Stoff parallel zu den Seitenstreben und exakt an der Streifenkante entlang fächerförmig nach unten auseinanderziehen und befestigen. Verfahren Sie ebenso mit der zweiten Hälfte, wobei Sie die beiden Querkanten überlappend anstecken.

Ausstattung, Material & Techniken

Grundausstattung zum Nähen

Für die Durchführung der einzelnen Anleitungen benötigen Sie folgende Nähutensilien: große Papierschere für die Schnittmuster, mittelgroße Stoffschere und kleine Stickereischere für die Nähte. Eine Zickzackschere ist nützlich für die Kantenversäuberung. Wählen Sie kurze, dünne und spitze Steck- und Nähnadeln. Mit dem Bügeleisen glätten Sie Stoff, bügeln Nähte auseinander und pressen Falten. Eine Nähmaschine beschleunigt den Fertigungsprozeß erheblich, obwohl Sie auch alles fein säuberlich per Hand nähen können. Verwenden Sie eine Sicherheitsnadel für das Durchziehen von Gummibändern und eine stumpfe Stricknadel, um Ecken auszuformen.

Hilfsmittel zum Messen und Markieren

Präzise Maße und Markierungen sind unerläßlich für die erfolgreiche Herstellung von Lampenschirmen; wichtig ist dabei, daß der Stoff einwandfrei auf dem Rahmen sitzt. Benutzen Sie für gerade Kanten ein Metalllineal und für Bogen und große Längen ein Maßband. Zur Abmessung und zum Anzeichnen von kleineren Kreisen eignet sich ein Zirkel. Bei größeren Kreisen können Sie mittels Band oder Schnur Ihren eigenen Zirkel herstellen: An das eine Schnurende stecken Sie eine Reißzwecke und legen so den Mittelpunkt des Kreises fest, am anderen Ende befestigen Sie einen Stift. Die Schnurlänge bestimmen Sie je nach gewünschter Länge des Durchmessers; den Umfang zeichnen Sie, indem Sie den Stift um die Reißzwecke drehen. Für die Anfertigung der Schnittmuster bzw. Schablonen eignen sich starkes Papier oder Karton. Bei aufwendigeren Schirmen kann es von Vorteil sein, den Futterstoff bzw. Kattun für eine möglichst genaue Paßform direkt an den Rahmen zu stecken und die Form abzuzeichnen. Die Schnittmuster zeichnen Sie mit einem Stift, mit Schneiderkreide oder abwaschbarer Stoffarbe an.

Fixierungshilfen

Arbeiten Sie mit geeignetem Klebstoff. Benutzen Sie Stoffkleber für die Verbindung von Stoffen, und Allzweckkleber, um z. B. beschichtete Oberflächen an den Rahmen zu befestigen. Wäscheklammern sind ideal, um Klebeflächen so lange zusammenzuhalten, bis der Klebstoff getrocknet ist.

Stoffbeschichtungen

Stoffe werden versteift, indem man sie mit selbstklebender Folie beschichtet. Ziehen Sie die Schutzschicht der Folie langsam ab und kleben Sie die Haftseite linksseitig auf den Stoff. Achten Sie darauf, daß keine Luftblasen entstehen, und streichen Sie die Folie mit der Hand von innen nach außen glatt. Beschichten Sie den Stoff, bevor Sie ihn zuschneiden. Selbstklebefolie eignet sich nicht für Stoffe mit groben Fasern, da sich dazwischen der Staub ablagert.

Stoffbespannungen

Von der Auswahl des Stoffes hängt die Lichtdurchlässigkeit des Schirms ab. Weiße, glatte und dünne Stoffe strahlen ein Maximum an Licht ab, während gedeckte Farben und Muster abdunkeln. Ziehen Sie kleine Muster den großen vor, da letztere nur auf wuchtigen Schirmen zur Wirkung gelangen. Leichte Baumwoll- und Seidenstoffe eignen sich hervorragend für eng bespannte Schirme, da sie sich leicht um den Rahmen straffziehen lassen. Geometrische Muster wie Karos sollten schräg zugeschnitten und angelegt werden (siehe S. 103), da es schwierig ist, wirklich gerade Vertikal- und Horizontallinien zu erzielen. Legt man die Karos schräg an die Kante, stellt das Auge keine Asymmetrie fest. Arbeiten Sie mit einer für den Schirm ökonomischen Stoffbreite, oder stückeln Sie Stoffbahnen dem Muster entsprechend zusammen.
Stoff hat einen besseren Sitz, wenn er zunächst gestückelt und dann in Bahnen

wieder zusammengenäht wird. Falten und gekräuselte Bespannungen sind trügerisch: Sie erfordern oft die zwei- bis dreifache Stoffmenge im Vergleich zu einer glatten Stoffbespannung. Berechnen Sie daher Ihren Stoffbedarf sorgfältig und berücksichtigen Sie dabei auch die Nahtzugaben.

Rahmen

An Schirmformen steht eine bunte Palette zur Auswahl. Rahmen wurden früher aus Metalldraht gefertigt und dann angemalt oder mit Schrägband umwickelt (siehe S. 101), um sie vor Rost zu schützen. Heute jedoch sind die meisten kunststoffbeschichtet. Bei der Wahl eines Rahmens sollten Sie darauf achten, ob Stil und Größe zum Lampenfuß und -sockel passen. Sie können einen alten Lampenschirm durchaus neu überziehen, doch gehen Sie sicher, daß der Umriß keine wesentlichen Deformierungen aufweist. Die bekanntesten Formen sind hier jeweils unter ihrer technischen Bezeichnung abgebildet. Sie können auch Ringe unterschiedlicher Durchmesser mit beschichteten Stoffen zu Kegeln formen. Im Vergleich zu vorgefertigten kegelförmigen Metallrahmen bietet diese Methode mehr Möglichkeiten, Form und Größe zu variieren.

Futterstoffe

Sie sind in der Regel weiß oder cremefarben, um möglichst viel Licht zu reflektieren. Mit dem Futter verdeckt man Streben und den Sockelumriß. Verwenden Sie einen reißfesten und hitzebeständigen Stoff wie Schantungseide, Japanseide, Satin oder Krepp. Eine Alternative dazu ist Acetat, das aber schneller reißt. Im Handel erhältlich ist feuerabweisendes Spray, mit dem man den Stoff imprägnieren kann. Folienverstärkte oder schwere Stoffe erfordern kein Futter, doch bei leichten Stoffen wie Voile oder Spitze ist eine Unterfütterung wichtig für die Schirmverstärkung und Lichtstreuung.

Besätze

Viele Lampenschirme werden mit Besätzen verziert, um Nähte zu verdecken, Kanten zu versäubern und Ränder dekorativ abzuschließen. Bommelborten, Gimpen, Bänder, Kordeln, Quasten und Paspeln – um nur einige zu nennen – können per Hand angenäht oder angeklebt werden. Messen Sie die Kantenlänge mit dem Maßband und addieren Sie dazu 2 1/2 cm für die Randversäuberung. Bei abnehmbaren Bespannungen überprüfen Sie im Vorfeld Waschbarkeit und Trocknertauglichkeit der Besätze. Es empfiehlt sich eine Vorbehandlung der Stoffe und Besätze, um zu vermeiden, daß sie später beim Waschen eingehen oder die Farben auslaufen.

Verschiedene Rahmenformen:

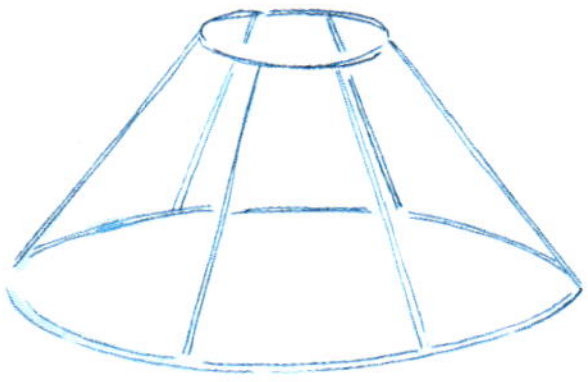

Rundschirm

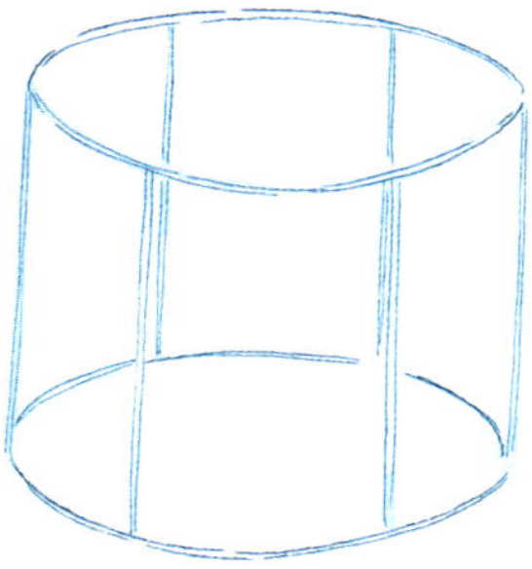

Trommel

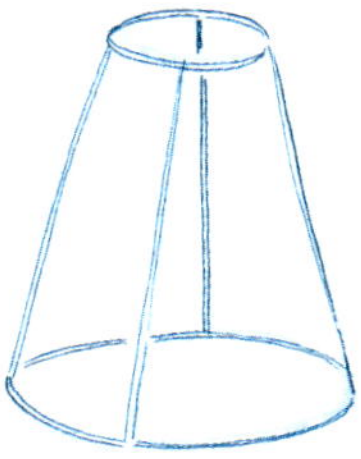

Kegel

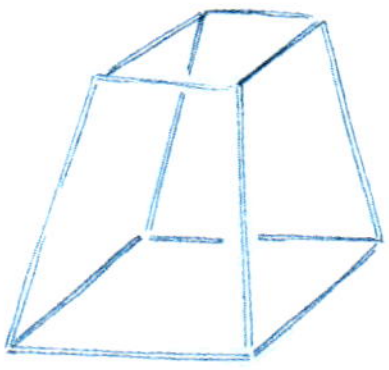

Quadrat

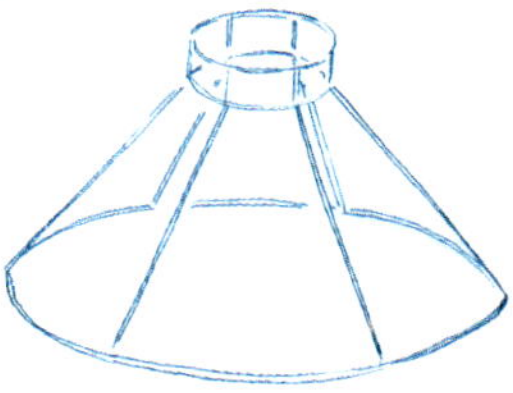

Französischer Schirm

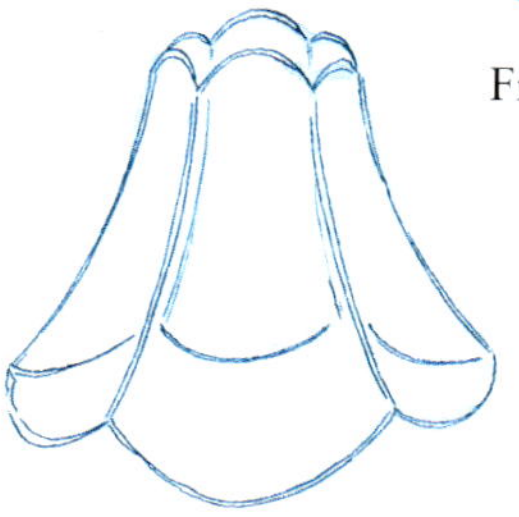

Blüte

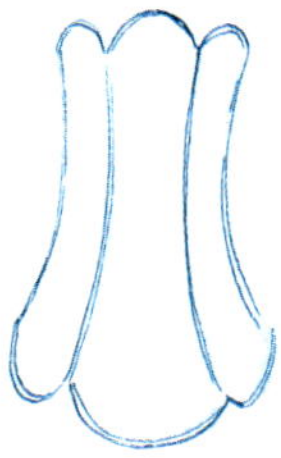

Halbblüte

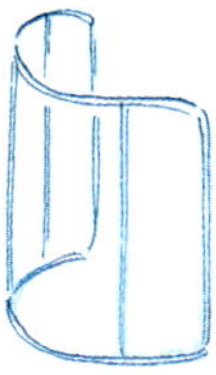

Halbzylinder

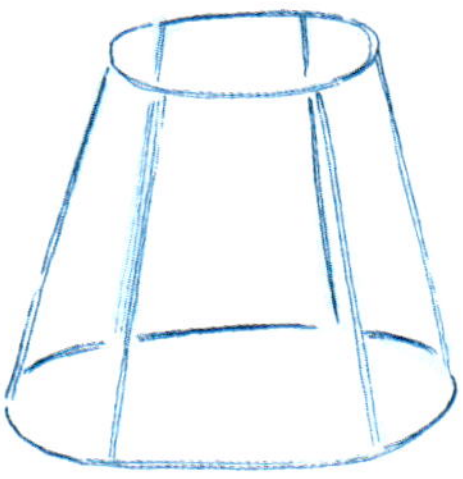

Oval

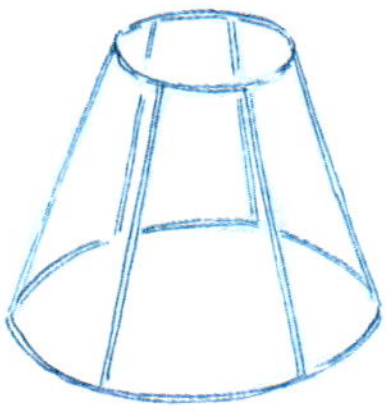

Empirestil

Halterungen
Haben Sie sich einmal für Größe und Form entschieden, müssen Sie noch den entsprechenden Sockel für die Befestigung Ihres Rahmens aussuchen; Sockel sind in unterschiedlichen Größen erhältlich. Sie werden eine Sockelhalterung wählen, die der Funktion der Lampe gerecht wird: So benötigt man für eine Hängelampe eine aufhängbare Halterung, während für Tischlampen eine bewegliche Halterung verwendet wird, so daß man sie auf bestimmte Dinge richten kann. Die Höhe oder Funktion Ihres Schirms können Sie mit Konvertern oder Schirmhaltern verändern. Zuletzt kann die Größe der Glühbirne die Wahl Ihrer Halterung beeinflussen – die Birne soll verdeckt und in sicherem Abstand zum Futterstoff sitzen, um gegebenenfalls leichte Entzündbarkeit oder Brandgefahr auszuschließen.

Glühbirnen
Nehmen Sie eine Birne, die zur Halterung, Größe und zum Stil des Schirmes paßt. Sie sollte unterhalb der Schirmoberkante und über der Schirmunterkante sitzen. Laut EG-Norm sollte die Birne einen Mindestabstand von 30 mm zum Schirmfutter haben. Halten Sie diese Vorschrift unbedingt ein, sonst besteht Brandgefahr. Das gleiche gilt für das präzise Einsetzen der Birne in die Halterung. Verwenden Sie eine 60-Watt-Birne für große Lampenschirme, für kleine wählen Sie eine 40-Watt-Glühbirne oder darunter. Glühbirnen mit geringer Wattleistung haben eine lange Lebensdauer und spenden bei geringer Wärmeentwicklung sehr viel Licht.

FERTIGUNGSTECHNIKEN

Rahmenumwicklung
Die Umwicklung des Rahmens ist nicht nur optisch von Nutzen, sondern sie vereinfacht auch die Befestigung des Stoffschirms an den Rahmen. Verwenden Sie vorwiegend eine weiße oder neutrale Umwicklung, selbst wenn manchmal eine andere Farbe zum Design passen würde. Überprüfen Sie zunächst die Rahmenform auf Beulen oder andere Mängel. Verwenden Sie ein 1 cm breites Wickelband. Für die Berechnung der Bandlänge messen Sie mit einem Maßband die zu umwickelnde Fläche und verdoppeln diesen Wert. Dann umwickeln Sie das Metallgestänge in gleichmäßigen, sich überlappenden Spiralen. Die Überlappungen sollten nicht zu dick sein. Die fertige Umwicklung sollte fest am Rahmen sitzen und unbeweglich sein.

Für die Umwicklung einer Längsstrebe schneiden Sie ein Band von doppelter Länge der Strebe zu. 2 1/2 cm des Bandes über den oberen Ring schlagen und mit der Schnittkante nach unten die Strebe spiralförmig abbinden. Am Ende der Strebe einen einfachen Knoten machen.

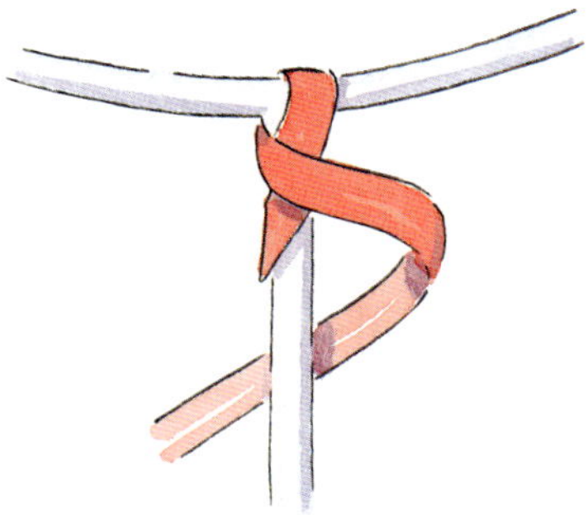

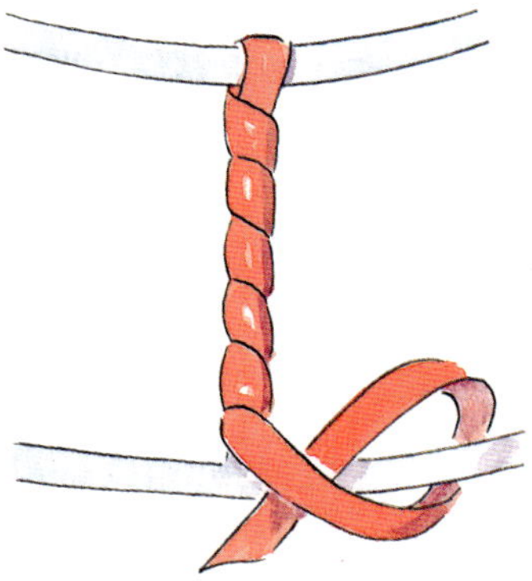

Für das Abbinden der oberen und unteren Rahmenringe das Band an einer Seitenstrebe über die eigene Schnittkante wickeln. An den Verstrebungen das Band jeweils in Form einer Acht wickeln. Bandende mit ein paar Stichen per Hand annähen und überschüssigen Stoff abschneiden.

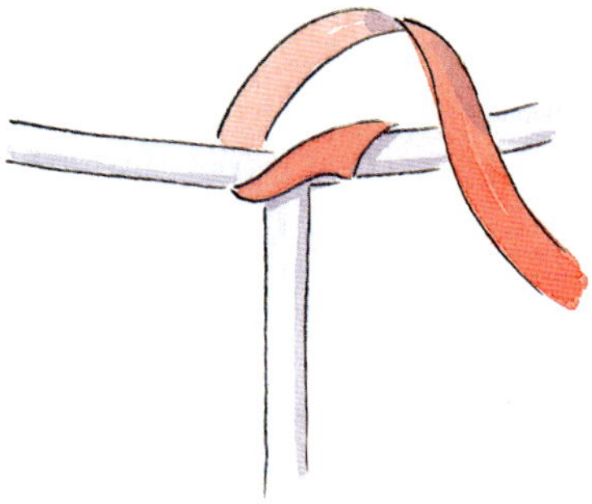

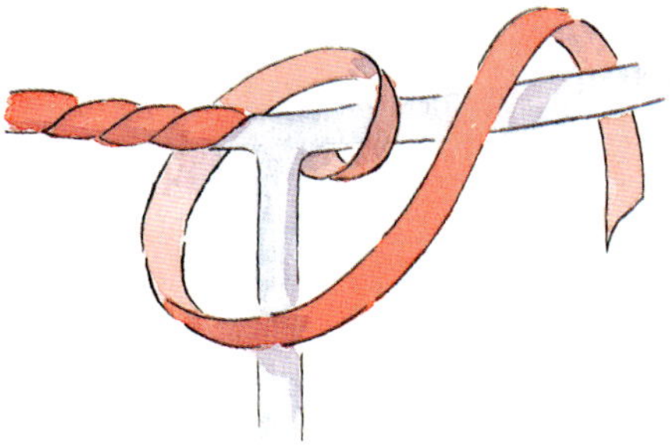

Rahmenmaße
Alle kegelförmigen Rahmen werden gemessen, indem man den oberen und unteren Durchmesser mit der Zahl 3 multipliziert. Die Rahmenhöhe ist die schräg (und nicht senkrecht) gemessene Entfernung zwischen dem oberen und dem unteren Rahmenring.

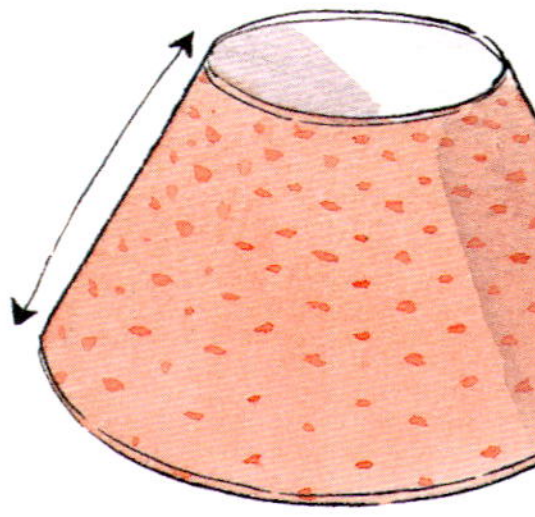

Fertigung eines Schnittmusters
Es gibt zwei Arten, sein eigenes Muster für Schirmkegel zu entwerfen. Sie können die mathematisch genauere Methode anwenden und so vorgehen wie auf den Seiten 33 und 91 beschrieben, oder folgende Alternative wählen: Stecken Sie ein Blatt Papier an den vier Ecken auf eine geeignete Unterlage fest. Legen Sie den Rahmen an eine Ecke; beginnen Sie an einer Seitenstrebe und drehen Sie den Kegel um die eigene Achse; Umriß oben und unten anzeichnen. Nahtzugabe nicht vergessen! Schneiden Sie das Schnittmuster aus und testen Sie die Paßform am Rahmen.

Schnittmuster für eine Trommel
Für eine Trommel, die gleich große, runde Öffnungen besitzt, zeichnen Sie ein Rechteck

auf ein Blatt Papier. Die kürzeren Seiten entsprechen der Höhe des Schirms und die längeren dem Umfang. Seitliche Nahtzugabe für die Überlappung nicht vergessen (der Umfang entspricht dem dreifachen Durchmesser). Schneiden Sie den Stoff mit Nahtzugabe aus. Beschichtete Trommeln oder Kegel klebt man seitlich zusammen, indem man, die Naht nach unten, ein Lineal auf die Saumkante legt und mit ein paar Büchern beschwert, bis der Klebstoff getrocknet ist.

NÄHTECHNIKEN

Heftstich (auch Kraus- oder Reihstich)
Eine Reihe kleiner, sauber ausgeführter Stiche, die auf beiden Stoffseiten gleich lang sind. Die Garnenden werden verknotet. Auch zum Kräuseln von Stoff geeignet; dann muß aber ein reißfester Faden verwendet werden. Bei festeren Geweben und als Sicherheit gegen ein Reißen des Fadens nähen Sie zwei Heftstichreihen parallel zueinander. Die losen Fäden auf beiden Seiten um eine Nadel wickeln, anziehen und den Stoff vorsichtig und gleichmäßig kräuseln.

Schlupf- oder Staffierstich
Wenden Sie diesen kaum sichtbaren Stich für das Aneinandernähen von zwei Stofflagen und das Annähen von Besätzen an. Fäden zur Sicherheit verknoten. Arbeiten Sie von rechts nach links und stechen Sie mit der Nadel 1/2 cm durch den gefalteten Stoff; dann nehmen Sie einige Fäden der gegenüberliegenden Kante auf und verbinden die beiden Seiten.

Flacher Saumstich, Überwendlichstich
Benutzen Sie diesen Stich, wenn Sie den Stoff

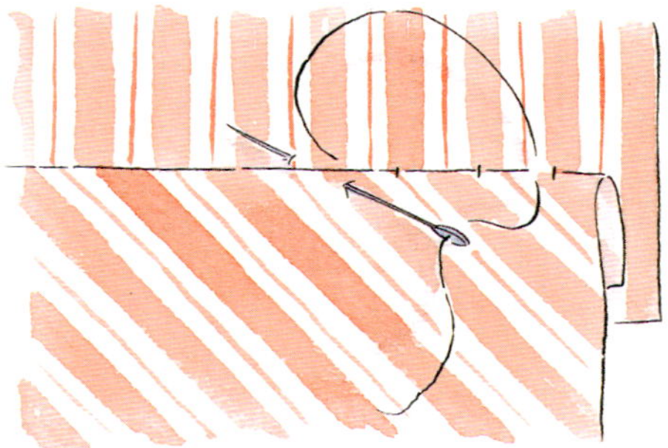

an den Rahmen oder eine Faltenkante an ein flaches Stoffstück annähen möchten, z. B. zum Säumen per Hand. Nehmen Sie einige Fäden des flachen Gewebes auf, dann mit der Nadel diagonal von rechts nach links durch Stoff und Wickelband stechen. Nähen Sie von links nach rechts, wird er Überwendlichstich genannt (damit werden auch Kanten versäubert).

Steppstich oder Rückstich
Eine durchgehende Reihe von Handstichen als Alternative zur maschinellen Naht. Machen Sie eine Reihe gleich großer, gerader Stiche durch beide Stoffseiten hindurch; beginnen Sie jeden Stich, indem Sie mit der Nadel an der Hälfte der Länge des vorhergehenden Stiches einstechen.

Säume versäubern
Bei Gewebearten, die nicht zum Ausfransen neigen, können Sie die Nahtzugabe entweder im Rohzustand lassen oder mit einer Zickzackschere rändeln. In anderen Fällen versäubern Sie Schnittkanten durch mehrmaliges Übernähen oder durch maschinelle Zickzack- oder Kettelnaht. Machen Sie kleine Stiche, die direkt an der Schnittkante verlaufen.

Französische Naht
Eine äußerst feste Saumnaht, die leichten Stoffen Halt gibt. Legen Sie die beiden Nahtkanten linksseitig aufeinander. Von der Schnittkante aus 1 cm Saum abstecken, heften, mit der Maschine nähen und Kanten geradeschneiden. Stoff nun rechts auf rechts drehen und die Naht ausbügeln. Einen zweiten Saum parallel zum ersten mit der Maschine nähen, dabei die Schnittkanten einschließen. Naht glattbügeln.

Schräger Zuschnitt
Für eine enge Bespannung sollten Sie den Stoff schräg zuschneiden. Ein schräg geschnittener Stoff gibt leichter nach und sitzt besser als ein waagrecht zur Faser geschnittener. Vor Beginn prüfen Sie bitte, ob der Stoff dazu geeignet ist; manche Muster schließen nicht sauber an die so erzeugte Kante an. Um die Schrägkante zu finden, nehmen Sie ein quadratisches Stück Stoff und falten eine gerade Schnittkante parallel zur Webkante (Kante ohne Fransen) und formen ein Dreieck. Die lange Unterkante des Dreiecks ist die Schrägkante oder richtungsweisende Schräge des Stoffes. Legen Sie Ihr Muster so auf, daß die Schrägkante gerade durch Ihre Form läuft.

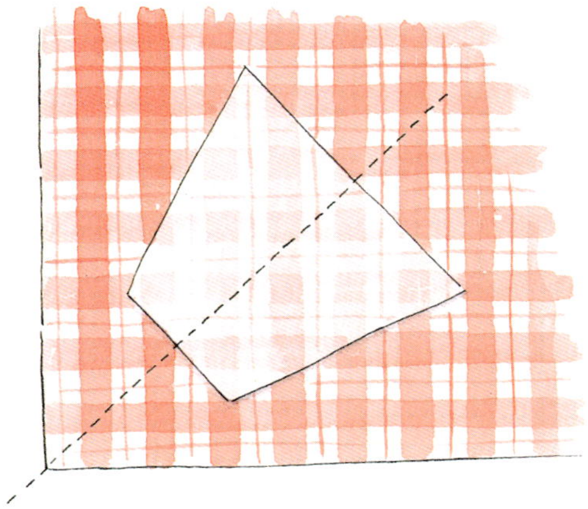

Zuschnitt von Schrägstreifen
Als Schrägstreifen bezeichnet man einen Stoffstreifen, der schräg bzw. diagonal zur Faser zugeschnitten wurde. Schrägbänder gibt es fertig zu kaufen, doch können Sie Besätze viel einfallsreicher gestalten, wenn Sie Ihr eigenes Band fertigen. Sollten Sie Schrägband kaufen, prüfen Sie es vor der Verarbeitung auf Wasch- und Farbechtheit. Für die Anfertigung der Bänder suchen Sie die Schrägkante (siehe unten) und benutzen Sie ein langes Lineal und einen Stift, um einige parallele Linien zur Schrägkante in der entsprechenden Breite zu ziehen.

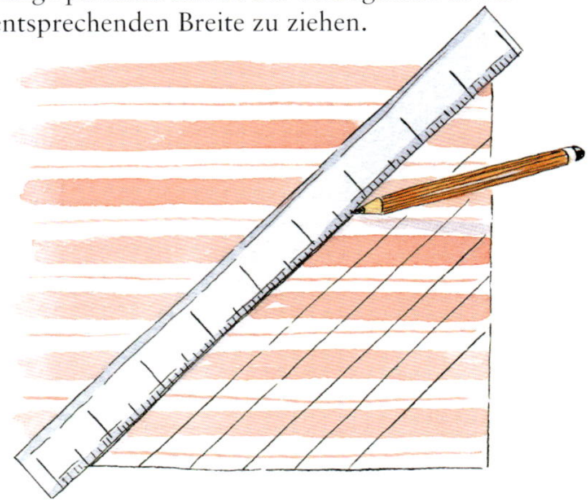

Um die üblicherweise benötigten Längen zu erhalten, stückeln Sie die Streifen an den Querkanten rechtsseitig aneinander. Machen Sie eine diagonale Saumnaht, dadurch wird das Band für Randabschlüsse dehnbarer. Beachten Sie, daß Kurzwarenhandlungen ein nützliches Hilfswerkzeug zur Anfertigung von Schrägstreifen vertreiben.

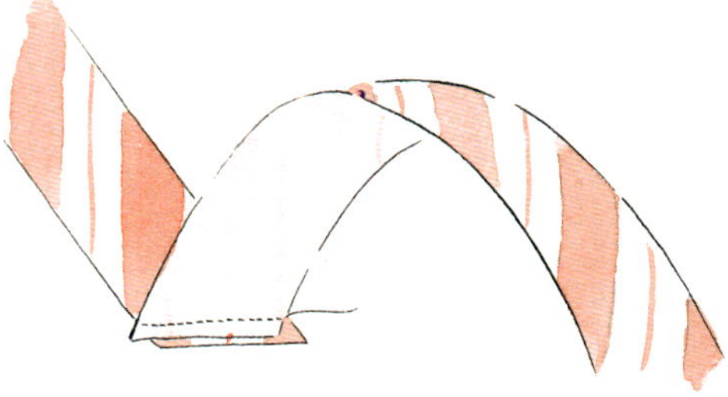

Glossar

Beschichtung
Dünne, auf Stoff gepreßte Schutzschicht.
Bommelborte
Freihängende, an einer Borte befestigte Bälle.
Borte
Flechtband, das als Besatz für Kissen und Polster verwendet wird.
Breite
Der Abstand zwischen den beiden Webkanten eines Stoffes. Standardbreiten für Stoffe sind 90 cm, 115 cm und 150 cm.
Einlage
Spezialmaterial zur Fütterung und Verstärkung eines Stoffes; wird angenäht oder auch aufgebügelt.
Einschnitt
Mit der Schere einen schmalen Schlitz in einen Stoff machen.
Falte
Doppelter Stoffumschlag, der angenäht oder umgebügelt wird.
Faserung
Faserverlauf eines Stoffmusters entsprechend der Webrichtung.
Gimpe
Stoffbesatz, manchmal durch Schnur oder Draht verstärkt; auch mit Seide umsponnener Baumwollfaden.
Gingham
Feiner indischer Baumwollstoff, in der Regel gestreift oder kariert.
Heften
Große gerade Stiche, um Stofflagen vorübergehend zusammenzuheften.
Heftfaden
Auch Heftgarn genannt. Meist aus Baumwolle und lose gezwirbelt. Benutzen Sie eine Farbe, die sich vom Stoff abhebt.
Kattun
Ungebleichter Baumwollstoff
Kellerfalte
Symmetrische Falte mit beidseitig nach innen gefaltetem Stoff.
Kerbe
Kleiner V-förmiger Schnitt in eine Stoffkante.
Kräuselung
Stoffwölbung oder Fältelung, die durch Anziehen eines locker genähten Fadens entsteht.
Lederriemen
Schmales Lederband als Schnur zum Binden benutzt.
Lochstanzer
Spezialgerät zum Stanzen von Löchern in Stoffe.
Madras-Baumwolle
Feine indische Baumwolle in Streifen und Karos, in der Regel in leuchtenden Farben.
Messerfalte
Eng anliegende und strenge Falte mit gerader Kante.
Nahtzugabe
Schmaler Stoffstreifen zwischen Schnittkante und Saumnaht, der zum Ausfransen des Stoffes gelassen wird.
Organza
Transparente, einfarbig gewebte Seide oder Synthetikstoff mit Verstärkung.
Provenzalisches Muster
Ländlicher, französischer Baumwolldruck mit bunten Motiven.
Rille
Stoff durch leichtes Anritzen der Oberfläche markieren.
Rohkante
Die Schnittkante eines Stoffes ohne Webkante oder Saum. Oft muß sie eingesäumt werden, um das Ausfransen des Stoffes zu vermeiden.
Rupfen
Auch Sackleinen genannt. Ein grober Stoff aus Jute oder Hanffasern. Meist zum Einsacken oder Polstern verwendet.
Rüsche
Ein geraffter Stoffstreifen als Randbesatz.
Saum
Ecke oder Schnittkante eines Stoffes, die üblicherweise umgeschlagen und vernäht wird.
Saumnaht
Naht, die durch das Zusammennähen zweier Stoffstücke entsteht.
Schnittkante
Siehe Rohkante.
Schnittmuster
Form aus Papier oder Karton zum Anzeichnen besonderer Umrisse auf Stoffen.
Schrägband, -streifen
Auch Besatz genannt: Ein diagonal zu den Webkanten geschnittener Stoffstreifen mit erhöhter Spannkraft; für die Umwicklung von Rahmen, für Kanten und als Umhüllung für Paspelierungen benutzt. Schrägband ist in verschiedenen Farben fertig zu kaufen.
Sockelhalterung
Vorrichtung für das Rahmeninnere. Wird zur Befestigung des Schirms an Sockel und Birnenfassung benutzt.
Strebe
Ein Stab, der in den Rahmen einfügt wird, um ihn gegen Druck zu stabilisieren.
Toile
Einfarbiger oder als *Toile de Jouy* mit Motiven bedruckter Stoff.
Überzug
Stoff, der zur Dekoration oder zum Schutz über ein Objekt gezogen wird.
Unterschirm
Meist steifer Pappschirm als Halt für eine dekorative Außenbespannung.
Webkante
Gekettelte, gegen Ausfransen besonders gewebte Stoffkante.
Zickzackschere
Schere mit gezackten Klingen zum Schneiden von Zickzackrändern zur Dekoration oder als Randabschluß.

Danksagungen

Herzlichen Dank an alle Hersteller, die uns so freundlich unterstützt haben: Dank gilt allen Firmen, die uns ihre wunderschönen Stoffe und Besätze zur Verfügung gestellt haben und allen, die uns ihre Lampenständer und -schirme geliehen haben. Lucy Vaughan und allen Mitarbeitern danke ich für ihre Geduld und Unterstützung, während ich wie eine Verrückte ihre schönen Lampen und Schirme auslieh. Robert Wyatt sei für all seine Ideen und Lampenschirme gedankt. Sally Harclerode fertigte einige ausgezeichnete Schirme für uns an – herzlichen Dank. Dank gebührt auch der Königin der Lampenschirmhersteller, Betty Hanley, die sich mittlerweile aus dem Geschäft zurückgezogen hat, doch nach deren Anweisungen noch heute viele Leute besagte Lampenschirme herstellen.

Dank gilt auch Annie Stevens und Anna Thomas dafür, daß sie uns ihre Räumlichkeiten für die Fotoaufnahmen zur Verfügung gestellt haben; Catherine Coombes, die uns bei der Herstellung dieses Buches unermüdlich half und gleichzeitig zu Hause alle umsorgte, James Merrell für seine wunderbaren Fotografien, einem wirklich tollen und professionellen Team bei Ryland Peters & Small – gut gemacht, David und Harry für immer und ewig.

Bildnachweis

Titelbild: *Von oben nach unten:* Stoff Ian Mankin; Stoff von Pierre Frey, Borte von Colefax & Fowler; Stoff von Pierre Frey; rote Seide von Brunschwig & Fils, gestreifte Seide von Manuel Canovas; Stoff von Pierre Frey; alle Lampenschirme von Vaughan

Seite 1 Schirm aus kariertem und uni Seidentaft von Anna Thomas

Seite 2 *Von oben nach unten:* Schirm von Sally Harclerode, Stoff von Designers Guild, Borte von V.V. Rouleaux; Schirm von Bella Figura, Stoff von Baer & Ingram, Borte von Jane Churchill; Schirm von Sally Harclerode, Stoff von Osborne & Little; Schirm von Robert Wyatt, Stoff von Ian Mankin

Seite 4 *Von links nach rechts:* Schirm von Robert Wyatt, Karoband von V.V. Rouleaux; Schirme von Acres Farm, Stoff von Ian Mankin, Schirm von Robert Wyatt

Seite 5 *Von links nach rechts:* Schirm von Vaughan, Stoff von Manuel Canovas; Schirm von Vaughan, Stoff von Manuel Canovas; Schirm von Robert Wyatt, Stoff von Sanderson, Lederband von John Lewis

Seite 6 Schirm von Robert Wyatt, Stoff von JAB, Borte von V.V. Rouleaux

Seite 7 *Im Uhrzeigersinn von unten links an:* Schirm von Tindle, Stoff von Jane Churchill; Schirm von Robert Wyatt, Stoff von Design Archives; Schirm von Robert Wyatt, Stoff von Sanderson, Schirm von Vaughan, Stoff von Jane Churchill; Schirm von Robert Wyatt, Stoff von Designers Guild; Schirm von Vaughan, Stoff von Sanderson

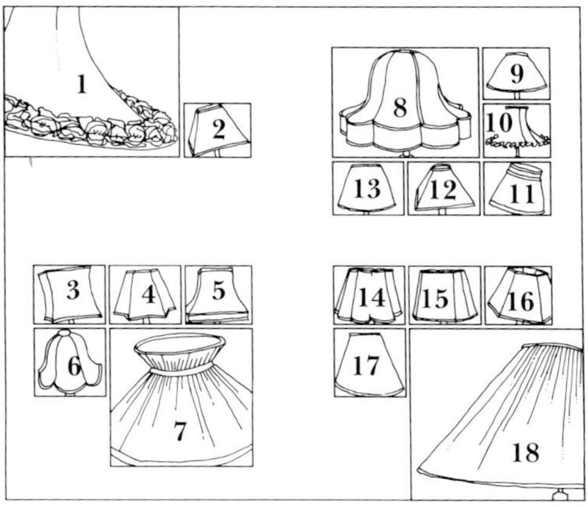

Formen: Seiten 8–9
1 Schirm von Renwick & Clarke
2, 4, 9, 11, 13, 18 Seidenschirme von Vaughan
3, 10 Seidenschirm von Renwick & Clarke
5, 8, 12, 14, 15, 16, 17 Seidenschirme von Tindle
6 Seidenschirm von Lion Witch & Lampshade
7 Seidenschirm von Sally Harclerode

Projekte: *Karo-Quadrat mit Rückenstärkung:* von Robert Wyatt, Sockel von Hannah Gordon Designs, Stoff von The Blue Door • *Rundschirm in Falten:* von Sally Harclerode, Seide von Pongees • *Madras-Pagodenschirm:* von Robert Wyatt, Stoff von JAB, Borte von V.V. Rouleaux

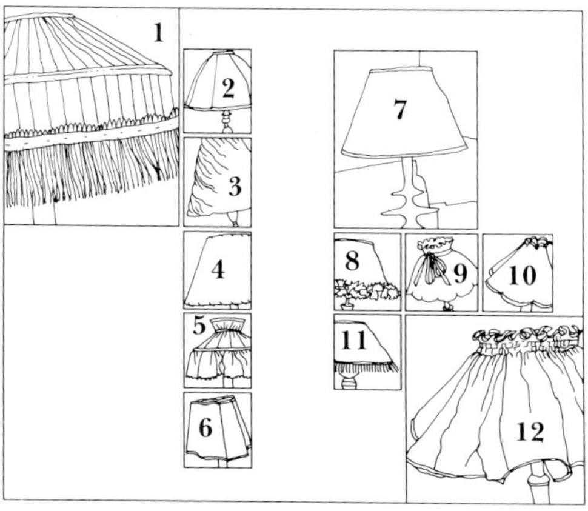

Stoffe & Besätze: Seiten 22–23
1, 3, 5 Seidenschirme von Lion Witch & Lampshade
2 Schirm von Robert Wyatt, Stoff von Ian Mankin
4 Schirm von Patrick Quiggly
6, 9 Schirme von Vaughan
7 Schirm von Vaughan, Stoff von Ian Mankin
8 Schirm von Renwick & Clarke
10 Schirm von The Dining Room Shop
11 Schirm von Sally Harclerode, Stoff von Manuel Canovas, Borte von Osborne & Little
12 Schirm von Sally Harclerode, Stoff von Designer Guild, Paspel von V.V. Rouleaux

Projekte: *Glockiger Toile de Jouy:* von Bella Figura, Stoff von Baer & Ingram, Borte von Jane Churchill • *Offene Blüte aus Sackleinen:* von Robert Wyatt • *Edle Rohseide mit Rüschen:* Schirm von Renwick & Clarke • *Geflochtene Bänder:* von Robert Wyatt, Band von V.V. Rouleaux • *Tutu aus Voile:* Schirm von Vaughan

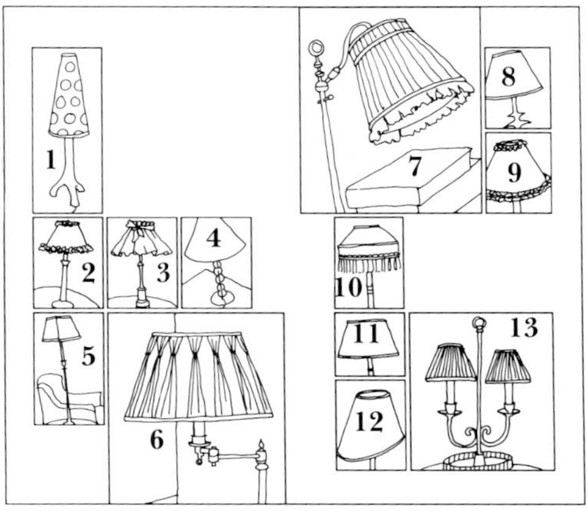

Tischlampen: Seiten 44–45
1 Schirm von Robert Wyatt, Stoff von Designers Guild, Sockel von Hannah Gordon Designs
2 Schirm von Renwick & Clarke, Sockel von Heal's
3 Schirm und Sockel von Elizabeth Eaton
4 Schirm von Robert Wyatt, Stoff von Design Archives, Sockel von Vaughan
5 Schirm von Tindle, Stoff von Jane Churchill, Sockel von Besselink & Jones
6 Schirm und Sockel von Besselink & Jones
7 Schirm und Sockel von Vaughan
8 Schirm von Vaughan, Sockel von Hannah Gordon Designs
9, 11 Schirme von Besselink & Jones
10 Schirm von Sally Harclerode, Stoffe und Borten von Osborne & Little
13 Schirme und Sockel von Vaughan, Stoff von Sanderson

Projekte: *Kegelschirm mit Kellerfalten:* Stoff von Manuel Canovas, Sockel und Schirm von Vaughan • *Gerüscht und gemustert:* Schirm von The Dining Room Shop • *Geschlossener Schirm:* Schirm von Vaughan • *Krone mit Bogenrand:* von Robert Wyatt, Stoff von The Blue Door

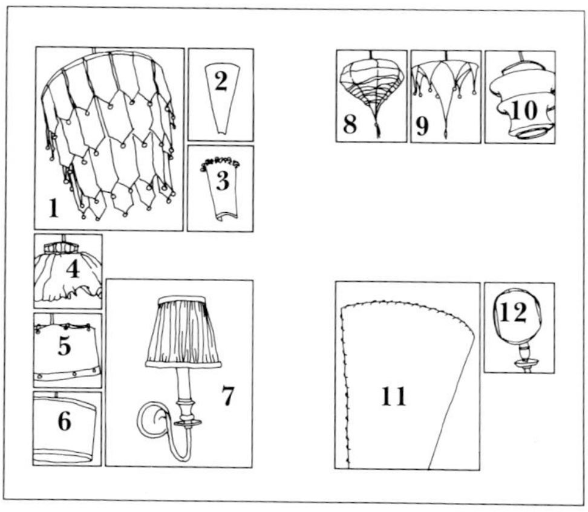

Wand- & Deckenlampen: Seiten 62–63
1 Schirm geliefert von Nimbus Designs
2, 11 Schirm von Patrick Quiggly
3 Schirm von Robert Wyatt, Stoff von Chelsea Textiles, Borte von Osborne & Little
4 Schirm von Vaughan, Stoff von Celia Birtwill
5 Schirm von Robert Wyatt
6 Schirm von Robert Wyatt, Juteleinen von B. Brown
7 Schirm und Wandhalterung von Vaughan, Stoff von Sanderson
8 Schirm von Mr. Light
9, 10 Schirm von Extraordinary Design
12 Schirm von Tindle, Stoff von Chelsea Textiles

Projekte: *Loser Leinenüberwurf:* von Hänsi Schneider, Stoff von Sahco Hesslein • *Gekräuselter Gingham:* Schirm von Vaughan, Stoff von Ian Mankin, Borte von V.V. Rouleaux • *Kerzenschirme für Kronleuchter:* Schirme von Acres Farm, Stoff von Ian Mankin • *Zweistufige Hängelampe:* The Blue Door • *Gestreifter Wandschild:* Schirm von Sally Harclerode, Stoff von Manuel Canovas

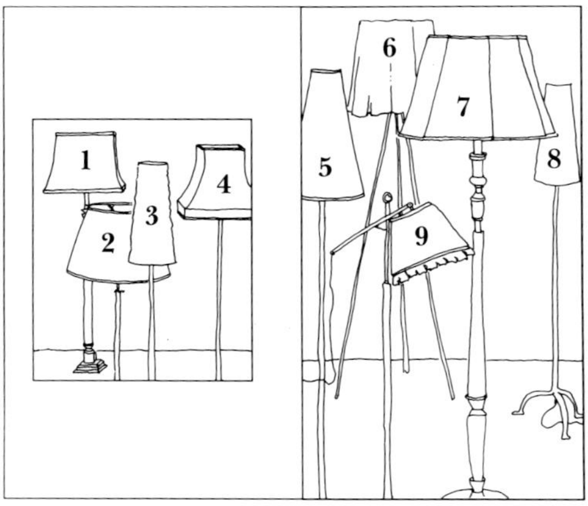

Stehlampen: Seiten 84–85
1 Schirm von Robert Wyatt, Stoff von Schumacher für Turnell & Gigon, Borte von Liberty, Sockel von Vaughan
2 Schirm von Bella Figura, Stoff von Monkwell, Sockel von Bella Figura
3 Schirm und Sockel von Mr. Light
4 Schirm von Tindle, Sockel von Mr. Light
5 Schirm von Robert Wyatt, Stoff von JAB, Sockel von Mr. Light
6 Schirm und Sockel von Purves & Purves
7 Schirm von Bella Figura, Stoff von Parkertex, Sockel von Vaughan
8 Schirm und Sockel von Mr. Light
9 Schirm von Vaughan, Stoff von Knickerbean, Sockel von Bella Figura

Projekte: *Streifen rund um die Trommel:* von Robert Wyatt, Stoff von Monkwell, Borte von Jane Churchill, Sockel von Habitat • *Ledergeschnürter Rauchfang:* von Robert Wyatt, Stoff von Sanderson, Leder von John Lewis • *Faltenkegel mit Kragen:* von Vaughan, Stoff von Manuel Canovas

Seite 98 Schirm von Besselink & Jones

Seite 99 Alle Schirme von Robert Wyatt, grüner Stoff von John Stefanidis, roter Stoff von The Blue Door, lila Stoff von Manuel Canovas

Seite 104 Schirm von The Blue Door

Seite 105 Schirm von Sally Harclerode, Stoff von Designers Guild, Sockel von Besselink & Jones

Seite 109 Schirm von Sally Harclerode, Stoff von Designers Guild, Paspel von V.V. Rouleaux, Sockel von The Blue Door

Seite 110 Schirm von Renwick & Clarke

Seite 111 Schirm von Renwick & Clarke

Seite 112 Schirm und Sockel von Robert Wyatt, Stoff von Ian Mankin, Bommelborte von Jane Churchill

Vorsatz Schirm von Vaughan, Stoff von Colefax & Fowler

Register

Kreative Gestaltungsideen

Die Kunst der Bauernmalerei
Techniken und dekorative Muster zum Selbermachen
Ansprechend gestaltetes, aufwendig ausgestattetes Arbeitsbuch: Objekte mit floralen und klassischen Mustern, Tiermotiven und Ornamenten verschönern – mit vielen Beispielen, genauer Darstellung der Pinselstrichtechniken und Schritt-für-Schritt-Anleitungen.

Jane Newdick
Wunderbare Weihnachtsfreuden
Zauberhafte Geschenk- und Gestaltungsideen • Festliche Rezepte und Tischdekorationen
Dekorationsvorschläge rund ums Fest – von Christbaumschmuck und Blumenarrangements über Geschenkanhänger, Weihnachtskarten und Verpackungen bis zu festlichem Tafelschmuck und Rezepten für 50 Weihnachtsmenüs aus aller Welt.

Julie Collins
Neues Design für Trödel & Co.
Kreative Ideen zum Aufmöbeln
Fundstücke vom Trödel in Highlights der Innendekoration verwandeln: geeignete Objekte aufspüren und durch individuelles Design veredeln – 24 dekorative Beispiele für Tische, Schränke, Lampen, Kerzenständer, Gläser und mehr – mit allen Techniken Schritt für Schritt.

Ideenbuch zum Selbermachen
Katrin Cargill
Kissen
Für ein individuelles Ambiente: 20 originelle, extravagante, klassische und dekorative Kissen – attraktiv präsentiert mit animativen Fotos und besonders leicht nachzugestalten dank der präzisen Schritt-für-Schritt-Anleitungen auf Ausklappseiten.

Linda Seward
Quilts
Die schönsten klassischen Motive für alle Jahreszeiten
Amerikanische Quilts von einzigartiger Schönheit und kleinere Objekte in Quiltoptik mit umfassenden Anleitungen für Anfänger und Geübte, hübschen Schritt-für-Schritt-Zeichnungen, Schablonen in Originalgröße sowie Quiltvorlagen zum Abpausen.

Kim H. Ritter
Quick Quilting
Zeitgemäße Muster • Einfache Techniken • Schritt-für-Schritt-Anleitungen
Phantasie in Stoff und Farbe: 20 Quilts in meist modernem Design, die selbst für Anfänger besonders einfach und schnell nachzuarbeiten sind.

BLV

Wohnen mit Phantasie

Liz Wagstaff
Farbe und Wohnen
Effektvolle Ideen für dekoratives Malen und Gestalten und vieles mehr
Patinieren, Krakelieren, Holz- und Steineffekte
Attraktive Farbenspiele und Veredelungstechniken für ein ganz persönliches Ambiente: Materialien, Werkzeuge, Grundtechniken und Oberflächenvorbereitung sowie Maltechniken Schritt für Schritt mit Farbvarianten und außergewöhnlichen Effekten.

Kevin McCloud
Kreative Raumgestaltung
Exquisite Wohnideen, die Atmosphäre schaffen und Akzente setzen: Grundlagen, Werkzeuge, Materialien und eine Fülle von kreativen Vorschlägen für dekorative Effekte mit Schritt-für-Schritt-Anleitungen.

Lesley Taylor
Bäder
individuell einrichten und dekorieren
Neues Ambiente für Räume zum Relaxen: Bäder und Duschen in allen Formen und Farben, Größen und Stilrichtungen mit praktischen Tips zur Planung und kostengünstigen Umsetzung der erforderlichen Gestaltungsmaßnahmen.

Emma-Louise O'Reilly
Landhaus-Romantik
Kreative Ideen, die Atmosphäre schaffen – mit vielen inspirierenden Fotos und stimmungsvollen Beispielen für die harmonische Gestaltung von Innenräumen, Terrassen und Gärten.

Bill Laws
Landhaus-Träume
Die schönsten Ideen für Einrichtung und Gestaltung rund ums Haus
Die schönsten Landhäuser von England bis USA, von Skandinavien bis Griechenland – mit faszinierenden Farbfotos, typischen Gestaltungselementen und der passenden Inneneinrichtung.

Im BLV Verlag finden Sie Bücher zu folgenden Themen: Garten und Zimmerpflanzen • Wohnen und Gestalten • Natur • Heimtiere • Jagd • Angeln • Pferde und Reiten • Sport und Fitneß • Tauchen • Reise • Wandern, Alpinismus, Abenteuer • Essen und Trinken • Gesundheit und Wohlbefinden

BLV

Wenn Sie ausführliche Informationen wünschen, schreiben Sie bitte an:
BLV Verlagsgesellschaft mbH • Postfach 40 03 20 • 80703 München
Telefon 089/12705-0 • Telefax 089/12705-543